"十三五"江苏省高等学校重点教材

家居产品配套设计

姜冬莲 任 健 主 编

汪智强 副主编

U0377565

东华大学出版社

·上海·

内容提要

本教材以项目为引领，结合典型工作任务，依据实际工作任务案例，提取其中的相关知识点，共设三个项目、九个典型工作任务。项目一"家居产品配套设计的知识储备"包括三个典型工作任务，主要涉及家居产品配套设计的基本概念、流行趋势、风格流派、设计方法与家居空间布局规划等内容；项目二"家居空间产品配套设计与实践"包括四个典型工作任务，主要介绍客厅家具、卧室纺织品、餐厨灯具及家居五大空间的装饰摆件与植物花艺产品配套设计等内容；项目三"家居配套产品手册版式设计与编排"包括两个典型工作任务，主要包括家居配套产品手册封面与标准版面及产品手册编排设计等内容。

本教材适合作为高职院校艺术设计、产品设计和室内设计等专业的教学用书，也可供相关企业从事设计工作的技术人员参考。

图书在版编目（CIP）数据

家居产品配套设计 / 姜冬莲，任健主编 . — 上海：
东华大学出版社 , 2018.8
　ISBN 978-7-5669-1413-2

　Ⅰ. ①家… Ⅱ. ①姜… ②任… Ⅲ. ①家具 - 设计
Ⅳ. ① TS664.01

中国版本图书馆 CIP 数据核字 (2018) 第 123542 号

责任编辑：张　　静
版式设计：唐　　蕾
封面设计：魏依东

出　　版：东华大学出版社（上海市延安西路 1882 号，200051）
本社网址：http://dhupress.dhu.edu.cn
天猫旗舰店：http://dhdx.tmall.com
营销中心：021-62193056　62373056　62379558
印　　刷：深圳市彩之欣印刷有限公司
开　　本：889 mm ×1194 mm　1/16　　印　张：12.75
字　　数：449 千字
版　　次：2018 年 8 月第 1 版
印　　次：2018 年 8 月第 1 次印刷
书　　号：ISBN 978-7-5669-1413-2
定　　价：79.00 元

前　言

本教材是因家居软装这个新兴热门行业孕育而生的。随着生活水平的提高，人们对居住环境的追求越来越高。家居软装受到了越来越多的家庭的关注，市场对相关产品的设计与应用也提出了更高的要求。从 2000 年至今，全国家居产品消费量以年均 30% 以上的速率增长，家居产品配套设计已形成一个新兴行业。该行业针对的市场主要是人们日常生活中必需的艺术化的家居配套产品，如家具、灯具、窗帘、布艺、工艺品、装饰画、摆件、陶瓷、花艺绿植等。在日常生活中，将这些家居配套产品进行有机陈设，实现居住环境的舒适性、文化性和艺术性，已成为现代人理想的生活方式和内容之一。

目前，我国提倡跨领域、跨专业的文化产业创意，这意味着设计资源的整合，同时表明在全球发展进程中，设计产业的战略地位和作用日益凸显。在"中国制造"向"中国设计"转型的过程中，创新设计教育起着关键性的作用。

家居产品配套设计是一门综合性的艺术，要求设计人员具有较全面的综合应用能力，如对产品材料的了解与应用，对产品结构与工艺的了解，对样式造型、图案色彩的应用，以及对产品流行趋势、市场消费动态与消费心理的认知，等等。目前，我国很多企业急需这种既懂理论又能实践，既懂材料又能进行工艺结构设计的人才。

本教材编写以项目为引领，结合典型工作任务，依据实际工作任务案例，提取其中的相关知识点，融合"艺、技、商、创"的人才培养要求，依据家居行业有关岗位知识与技能需要组织内容，适合高职院校艺术设计、产品设计和室内设计等专业的教学。本教材共设三个项目，即家居产品配套设计的知识储备、家居空间产品配套设计与实践、家居配套产品手册版式设计与编排，其中项目一主要涉及家居空间与产品配套的流行趋势调研、风格的提案制作、设计方法与布局规划等内容，项目二主要涉及客厅家具、卧室纺织品、餐厅灯具及五大空间装饰摆件与植物花艺的配套设计等内容，项目三主要包括产品手册封面与标准版面设计、产品设计手册编排等内容。

本教材紧密结合高职院校课程改革需求，着重复合型、创新型人才的培养，按照当前人才培养方案与市场人才需求，跨专业、跨学科，将室内设计、视觉传达与家纺设计等专业的有关课程内容进行整合，以家居空间为主线，以项目为导向，通过设计典型工作任务，将家居产品配套设计所涉及的主要知识点和技能融入各工作任务。内容以"必需""够用"为度，知识点由浅入深、循序渐进，强调实用性、可操作性和可选择性。通过本教材的学习，学生能够较系统、全面地了解家居配套产品的新工艺、新材料、新功能，加深对新产品开发、设计的认识，掌握有关的基本知识和技能，从而具备家居产品配套设计能力。

本书由姜冬莲、任健担任主编，汪智强担任副主编，其他参编人员还有张华、张盼和李楠。全书由姜冬莲统稿。项目一由姜冬莲编写；项目二任务二的相关知识点小案例由张华提供，任务三的部分图片由李楠编辑提供，任务四的部分图片由张盼编辑提供，其余由姜冬莲编写；项目三由汪智强编写。

该教材内容涉及范围广，且以艺术与技术、产品与商品的无缝对接为理念进行梳理，因此更具时代性。但由于时间紧，加之编者水平有限，难免存在不足之处，敬请读者批评指正。

姜冬莲

2018 年 3 月

目 录

项目一 家居产品配套设计知识储备

任务一 家居空间配套产品的流行趋势

【**任务名称**】流行趋势调研

【**任务内容**】色彩流行趋势、面料、图案、家居装修风格调研

【**学习目的**】通过流行趋势调研，学会搜集与查阅资料，并能对所搜集的资料进行归纳和总结，为后续产品配套设计构思和设计提案制作打基础

【**学习要点**】流行趋势主题、色彩、样式、材料及家居装修风格的调研

【**学习难点**】对流行趋势调研所搜集的资料进行归纳和总结

【**实训任务**】本年度秋冬季家居产品流行趋势主题调研与设计提案制作

1. 项目案例："2018/2019 中国家用纺织品流行趋势"解读

1.1 主题分析

由中国家用纺织品行业协会组织的 "2018/2019 中国家用纺织品流行趋势 " 于 2017 年 8 月在上海 " 中国国际家用纺织品及辅料（秋冬）博览会 " 上发布。通过对国内外市场的充分调研分析，从消费者的生活方式和情感需求出发，推出了回归本真（图 1-1-1）、联系感知（图 1-1-2）等流行趋势主题，向行业及大众传达新一季家纺流行风尚的同时，引导企业进行产品研发，促进家纺行业的设计创新。

图 1-1-1 回归本真　　　　　　　　　　　　　　　　图 1-1-2 联系感知

■ **主题：回归本真**

关键词：自然界、数字化、乡土气息、天然材料、废物再生产。

阐释：这一主题的灵感源于自然界和与之相关联的事物；数字化的日益普及和它对人们所产生的紧迫感；人们对材料产地、生产方法及资源利用的兴趣日趋增长，尤其是对具有浓郁乡土气息的事物的兴趣复燃；废弃产品、工业产品、可再生利用与回收及天然材料的废物再生产。

■ **主题：联系感知**

关键词：数字、信息、虚拟物质、技术改变、互动方式、视觉感受、声、光、电、运用。

阐释：这一主题的灵感源于数字、信息、虚拟物质与人们的互动方式。当今是信息化时代，信息数字化越来越为人们所重视。这种技术改变了人们的互动方式，改变了人们对世界的感知，改变了有形与无形、物质与非物质的关系。这种变化导致了一种新的数字化的视觉感受的诞生，如声、光、电在服饰、环境和家居产品中的运用。

1.2 色彩分析

■ **回归本真主题色彩**

主题色彩表现人们对自然界的特别关注，尤其是体现原始环境中表现出来的能量与活力、自然界中具有浓郁乡土气息的天然材料传达出来的平和与宁静的色彩。这一主题的草木绿色体现出人们试图与周围环境重建连接、亲近自然的意愿。如图 1-1-3 所示。

图 1-1-3 回归本真主题色彩提炼

■ 联系感知主题色彩

这一主题提炼了数字化、信息、虚拟物质的概念,将一种新的迷幻意象,如现实与超现实共生交融的景象,推至人们的视觉感官中。该主题色彩由清晰、明艳的紫罗兰色,以及唤起数字化景观的太空蓝等冷色调构成。如图 1-1-4 所示。

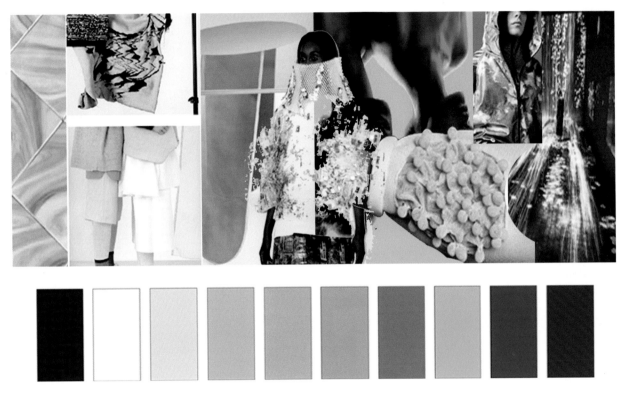

图 1-1-4 联系感知主题色彩提炼

2. 相关知识点

2.1 流行趋势的概念及影响家居产品流行的因素

流行趋势是指一个时期内社会或某一群体中广泛流传的生活方式,是一个时代的表达。它是在一定的历史时期内,有一定数量范围的人,受某种意识的驱使,以模仿为媒介而普遍采用某种行为、生活方式或观念所形成的社会现象。

家居产品或其中某一产品的流行,是一种复杂的社会现象,体现了整个时代的精神风貌。它包含社会、经济、政治、文化、地域等多方面的因素,是与社会变革、经济的兴衰、人们的文化水平、消费心理状况及自然环境和气候条件紧密相连的。影响家居产品流行的因素有自然因素、社会因素、心理因素。

■ 自然因素

因地域不同和自然环境差异,家居产品形成了各自的特色,从世界各地的家居产品发展过程来看,都是顺应本地域的自然环境和条件而进行的。自然因素对家居产品流行有一定的影响,这种影响常常是外在和宏观的,主要包括地域因素与气候因素。图 1-1-5 所示为我国南北方家居装饰风格。

1）地域因素。身处平原和大城市的人们更容易接受新观念并对流行产生推动作用，能够及时获悉并把握家居产品的流行信息，并积极参与潮流。身处小城镇或者边远山区、岛屿的人们会固守自己的风俗习惯和家居行为。因此，形成了一些极具地域特色的家居风格。

2）气候因素。家居及家居用品是人们生活的基本内容。在不同气候的地区，人们的生活习惯不同，他们对家居及家居用品的喜好和要求自然也不同。

图 1-1-5 我国南北方家居装饰风格

■ 社会因素

各个历史时期的政治运动、经济发展、科技进步及文化思潮的变化都可以在家居流行中以不同的面貌特征反映。也就是说，每个时期的政治状况、经济与科技状况、文化艺术、价值观念、生活方式等方面都影响着人们的思想意识和审美情趣，从而在家居上体现出来。

1）政治因素。它是造成家居流行的外部因素，同时也影响人们的生活观念、行为规范。

2）经济因素。经济的发展刺激人们的消费欲望和购买能力，使市场需求扩大，因此设计推陈出新，创意层出不穷。另一方面，市场的需求促进生产水平提高与科技进步，家居材料及其工艺都得到发展。

3）科技因素。科技的发展促进了现代家居行业的发展，也促进了流行信息的交流与传播。在当代科技驱动下，面料研发在注重装饰性的同时更注重功能性。轻薄的尼龙强调光泽感、纸感、微肌理及锡箔纸般的金属抓皱效果；欧根纱沉浸于从视觉到听觉的双重感受，经过摩擦传递出悦耳的沙沙声；PVC 涂层面料创造性地用于日常着装与家居产品的饰面；漆皮外观的防护面料回归经典与实用，通过双面复合或表面处理迎合都市外观；经典的威尔士格、塔特萨尔花格、细条纹展现了现代化的演绎。如图 1-1-6 所示。

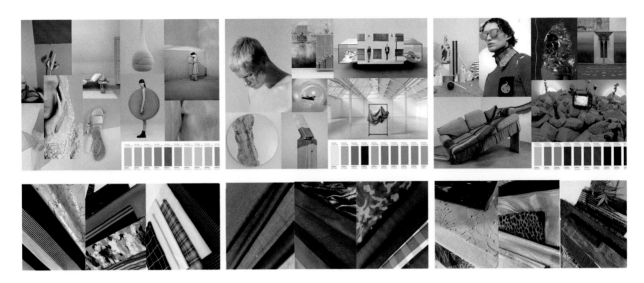

图 1-1-6 科技因素与面料流行趋势

4）文化因素。任何一种流行现象都是在一定的社会文化背景下产生和发展的。因此，文化因素必然受到社会的道德规范及文化观念的影响与制约。东方文化强调统一、和谐对称，色彩上带有一种潜在的神秘主义，而西方则强调外向性，在外形上有极强的造型意识，重视设计的个性特征。

5）艺术思潮。历史上有哥特式、巴洛克、洛可可等艺术风格及艺术思潮，其精神内涵都在家居中反映，特别是1919年，以现代主义设计运动闻名的德国包豪斯设计学校成立，提倡技能主义是包豪斯的设计思想，从此家居设计进入一个功能主义时代。

6）生活方式。生活方式直接影响人们对家居的态度。20世纪60年代，随着世界经济的发展与年轻消费群体的产生，人们的生活方式发生了巨大变化，各品牌商出售的不再是产品，更是一种生活方式。

■ 心理因素

影响家居产品流行的心理因素概括起来有爱美心理、喜新厌旧的心理、突出自我的心理、趋同从众的心理、模仿心理等。

2.2 流行趋势的周期与特征

■ 流行趋势的周期

1）创新。流行先锋在一个流行循环的创新阶段就采用新款式。

2）兴起。时尚领袖和早期的流行追随者在兴起阶段介入。

3）接受。大众市场的消费者采用新款式的时机在接受阶段。

4）消退。晚期的流行追随者在消退阶段采用新款式。

5）萎缩。与流行无缘或反应迟钝的个体在萎缩阶段采用新款式。

■ 流行趋势的特征

1）新颖性。它是指基于消费者寻求变化和求新的心理，人们希望突破传统，期待并肯定新生。因此，家居品牌要把握住消费者的"善变"心理，迎合消费者"喜新厌旧"的需求。如图 1-1-7 所示的榫卯结构的核桃木边几与新工艺材料座椅，其设计创意新、材质先进、样式新，引发了家居软装配饰新潮流。如图 1-1-8 所示的花造型与细花纹沙发，采用植物造型，以细花纹、自然卷曲的线条与花卉图案装饰，具有明显的新颖性特征而成为流行。

图 1-1-7　榫卯结构的核桃木边几与新工艺材料座椅

图 1-1-8　花造型与细花纹沙发

2）短时性。家居中不会长期流行一种款式或色彩。一种新的款式被大众接受，就意味着否定了原来的风格。家居流行一般经过萌芽期、发展流行期和衰退期三个阶段。大多数产品会在使用一段时间后，逐渐被淘汰而消失，而一些质量上乘、款式流行时间较长的产品得以保留而成为经典。如图 1-1-9 所示的橡木沙龙椅，因其装饰精致、材质绚丽、不饰漆面的天然质感，在欧洲一直是主流样式。如图 1-1-10 所示的粉红丝绒扶手椅，一直是女性客户的首选产品，但它的色彩具有明显的短时性特征，设计时需考虑其装饰面料的可更换性。

图 1-1-9 橡木沙龙椅　　　　　　　　　　　　　　图 1-1-10 粉红丝绒扶手椅

3）普及性。只有产品为大多数人所接受，才能形成真正的流行。追随、模仿是流行的两大行为特点，只有少数人采用，是不能形成流行趋势的。图 1-1-11 所示的角度旋转古董办公椅和图 1-1-12 所示的古典豹纹扶手椅，以古典样式为基础，不仅在功能方面做了延伸，在色彩、图案上也突破了古典格调。材质上变化多样，色彩上高贵而古朴，功能上更加人性化，使用的豹纹、斑马纹、千鸟格等图案元素融入了现代时尚元素，更趋向于年轻化，非常适合在咖啡馆、主题餐厅、沙龙会所等空间范围使用。这两个产品具备了流行的普及性特征。

图 1-1-11 角度旋转古董办公椅　　　　　　　　　　图 1-1-12 古典豹纹扶手椅

2.3 关注流行趋势，掌握最新设计动态的方法

现代家居软装与现代服装、现代工业产品一样，正在走向"时装化"的流行趋势。所以，要时刻关注当代家具设计、时装设计、建筑设计、工业设计的最新专业资讯，广泛搜集与了解国际、国内市场流行趋势的信息，同时关注国际、国内大型设计展览、博览会的产品发布信息，以及当前科技成果对家居产品设计与制造的影响，向服装设计、汽车设计、建筑设计、家电设计学习并借鉴。

■ 关注市场与展会

市场与展会是了解、调研、学习前沿的潮流产品与创新设计的最佳场所，尤其是展会上展出的产品，代表着最高水平与创新理念。近几年，上海、广东等地的家居博览会展示了我国家居软装市场的变化，并引领了整体软装的发展潮流。家居展涵括家纺布艺、家居饰品、墙纸墙布、窗饰遮阳、寝饰用品、整体家居、设计资源等软装范畴的优质资源。展会成为各参展商展示并发布新产品的重要场合，参展的众多最新工艺的新产品代表了最新的潮流趋势。越来越多的上游厂商开展跨界整合模式，无论是展位的陈列搭配，还是新产品的演绎，都更加注重突出整体家居空间的设计概念及新产品对人们生活方式的引导。

■ 关注流行趋势及权威机构

关注国内外发布流行趋势的相关权威展会和机构，这是在产品配套设计前进行调研、学习不可或缺的部分。如米兰国际家具展、中赫时尚等，一直紧跟国际市场，引导家居软装设计流行趋势，其展示与发布的多种风格样式、多种材质的家居产品成为家居行业的盈利产品。在消费设计和消费流行的今天，流行趋势及相关权威展会和机构的信息和意见值得设计者及市场借鉴。

■ 订阅时尚杂志，搜集时尚网站

流行趋势的预测对于增加产品的附加值、提高加工深度十分重要。在影响流行趋势的因素中，社会心理的影响显著。通过订阅时尚杂志（图1-1-13）、搜集时尚网站，了解大众心理，有利于为产品的设计、销售等提供依据，也能对上游产品的开发与研究起到推动作用。目前，世界上有些国家已有成熟的时尚专业机构和网站。如美国的国际色彩权威（ICA）专门从事纺织品流行色研究；日本的纺织株式会社成立专门研究部门，将消费者及人们生活方式的变化、欧洲流行趋势等信息进行整合，最终根据日本流行色协会的意见，发布色彩信息及产品流行趋势。

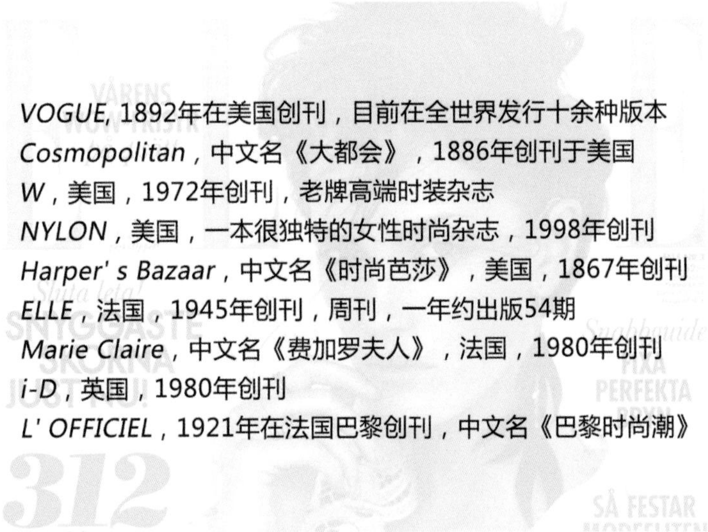

VOGUE，1892年在美国创刊，目前在全世界发行十余种版本
Cosmopolitan，中文名《大都会》，1886年创刊于美国
W，美国，1972年创刊，老牌高端时装杂志
NYLON，美国，一本很独特的女性时尚杂志，1998年创刊
Harper's Bazaar，中文名《时尚芭莎》，美国，1867年创刊
ELLE，法国，1945年创刊，周刊，一年约出版54期
Marie Claire，中文名《费加罗夫人》，法国，1980年创刊
i-D，英国，1980年创刊
L'OFFICIEL，1921年在法国巴黎创刊，中文名《巴黎时尚潮》

图1-1-13 时尚杂志

3. 任务实践与指导

任务： 本年度秋冬季节的家居产品流行趋势提案制作。（提交形式：PPT文本要求须有封面、目录、正文）。

提示： 可以从风格、色彩、材料、服饰、人们的生活方式与文化理念、主题等入手，确定设计的主题和风格名称及色彩、材料的选择方向，搜集与设计内容相关的资料，对色彩、样式、材料、工艺等进行预测。

4. 自测与拓展

1）谈谈你对流行趋势概念的理解。

2）如何更好地把握流行趋势为家居产品配套设计服务？

任务二 家居空间装修设计风格

【**任务名称**】家居空间装修设计风格调研

【**任务内容**】家居空间装修设计风格对家居产品配套设计的影响

【**学习目的**】通过对家居中常用风格调研，学会搜集与查阅资料，并能对所搜集的资料进行归纳和总结，
为后续设计提案的制作与表达打基础

【**学习要点**】针对家居中常用的装修风格，进行色彩、样式、材料、趋势及人文概念的调研

【**学习难点**】对家居风格设计的诸多要素进行精炼、归纳和总结

【**实训任务**】现代家居风格调研及设计提案制作

2. 项目案例：国际潮流中的新中式风格

伴随着中国设计在全球地位的崛起，如图 1-2-1 所示的中国元素开始在世界设计界风靡。新中式风格
已经势不可挡地在全世界流行起来，国际潮流中的中国风搭配，为新中式风格的家居产品配套设计寻找到
了灵感。

图 1-2-1 中国元素

2.1 新中式风格解析

新中式风格诞生于中国传统文化复兴时期。伴随着国力增强，民族意识逐渐复苏，人们开始从纷乱的"模
仿"和"拷贝"中整理出头绪，探寻中国设计界的本土意识，逐渐孕育出含蓄、秀美的新中式风格。如图 1-2-2
所示。

图 1-2-2 新中式风格

新中式风格，既保留了东方的古典韵味，又摒弃了传统中式风格的沉闷。中国元素与现代材质巧妙糅合，明清家具、窗棂、布艺、床品相互辉映，组合成一幅移步变景的精妙小品。随处可见的古意摆件，人们置身其中，无时无刻都能品味生活的禅意。如图 1-2-3 所示。

图 1-2-3 移步变景的精妙小品

新中式风格主要包括两个方面：一是中国传统风格在当代文化背景下的演绎；二是在充分理解中国当代文化的基础上的设计。新中式风格不是纯粹的传统元素的堆砌，而是通过对传统文化的认识，将现代元素和传统元素结合在一起，根据现代人的审美需求来打造富有传统韵味的事物，让传统艺术在当今社会得到合适的体现。如图 1-2-4 所示。

图 1-2-4 现代元素与传统元素结合演绎的新中式风格

2.2 新中式风格要点

中国风家居主要体现在传统家具（以明清家具为主）、装饰品及黑与红为主的色彩上，室内多采用对称式的布局，格调高雅，造型简朴、优美，色彩浓重而成熟。中国传统室内陈设包括字画、匾幅、挂屏、盆景、瓷器、古玩、屏风、博古架等，追求一种修身养性的生活境界。中国传统室内装饰艺术的特点是总体布局对称均衡、端正稳健，在装饰细节上则崇尚自然情趣，花鸟、鱼虫等精雕细琢，富于变化，充分体现出中国传统美学的精神。如图 1-2-5 所示的新中式风格元素搭配，主要体现在空间布局、色彩、造型、装饰材料、配饰家具、饰品和四大经典元素等方面。

图 1-2-5 新中式风格元素搭配

■ 空间布局

中国传统居室非常讲究空间的层次感。这种传统的布局观念在新中式风格中得到了全新的阐释。依据住宅使用人数和私密程度的不同，将功能性空间分隔，常采用"垭口"或简约化的博古架布局；在需要隔绝视线的地方，使用中式屏风或窗棂。这种布局方式使单元式的住宅呈现出传统中式家居的层次之美。如图 1-2-6 所示。

图 1-2-6 新中式风格的空间布局

■ 色彩

　　新中式风格的家具色彩多以深色为主，墙面色彩搭配一般以苏州园林和京城民宅的黑、白、灰为基调，其次是在黑、白、灰的基础上以皇家住宅的红、黄、蓝、绿等作为局部色彩。如图 1-2-7 所示。

图 1-2-7　新中式风格的色彩

■ 造型

　　空间装饰多采用简洁硬朗的直线条。直线条装饰在空间中，不仅反映出现代人追求简单生活的居住理念，更迎合了中式家具追求内敛、质朴的设计风格，使新中式风格更加实用，而且更富现代感。如图 1-2-8 和图 1-2-9 所示。

图 1-2-8 新中式风格的直线条装饰实例一

图 1-2-9 新中式风格的直线条装饰实例二

■ 装饰材料

　　新中式风格的家居产品的装饰材料主要有丝、纱、皮具、手工皮艺、织物、壁纸、玻璃、仿古瓷砖、大理石等。如图 1-2-10 所示。

图 1-2-10 新中式风格的装饰材料

■ 配饰家具

　　新中式风格的家居空间多采用古典家具与现代家具相结合的配置。中国古典家具以明清家具为代表，新中式风格在明式家具基础上多配饰以线条简练的现代家具。如图 1-2-11 和图 1-2-12 所示。

图 1-2-11 新中式风格的配饰家具实例一

图 1-2-12 新中式风格的配饰家具实例二

■ 饰品

新中式风格的家居饰品以瓷器、陶艺、中式窗花、字画、布艺、皮具及有一定涵义的中式古典物品等为主。如图 1-2-13 所示。

图 1-2-13 新中式风格的饰品

■ 四大元素

代表新中式风格家居的四大元素为中式氛围、中式书房、中式圈椅、佛头等。如图 1-2-14 所示。

图 1-2-14 新中式风格的四大元素

2.3 新中式风格的设计思想

新中式风格讲究纲常，讲究对称，利用阴阳平衡概念调和室内生态，选用天然的装饰材料，通过金、木、水、火、土这五种元素的组合，营造禅宗式的理性和宁静环境。

中国古人对居住环境的研究和追求，其精雕细琢的程度远远超过现代人的想象。他们的一些室内设计理念，和现今流行的简约主义不谋而合。

■ 宜设而设，精在体宜

在明清时代，"宜"是室内设计的核心概念和价值标准。国内专家解释，"宜"可以分为三个方面：一是因地、因人而制；二是宜简不宜繁；三是宜自然，不宜雕琢。如图 1-2-15 和图 1-2-16 所示。

图 1-2-15 新中式风格的元素陈设实例一

图 1-2-16 新中式风格的元素陈设实例二

18

■ 删繁去奢，绘事后素

　　删繁是指去除过于复杂的装饰。去奢也很重要。如今很多设计师一提到以人为本，就以为是"给脖子套张饼"。其实，人在家居生活中的不便与方便是相辅相成的，过于奢侈地追求"一低头就能吃到脖子上的饼"，恐怕会起到负面效果。如图 1-2-17 所示。

图 1-2-17　新中式风格的元素陈设实例三

　　"绘事后素"是孔子对美的一种看法。在孔子眼中，"绘事"是装扮出来的美丽效果，而"素"是自然的、气质的美，他认为"素"更美于"绘事"。如图 1-2-18 所示的新中式风格的元素陈设，体现了"大美无言，大象无形"的中国古代士大夫式的文化追求。

图 1-2-18　新中式风格的元素陈设实例四

■ 因景互借

新中式风格家居设计常采用借景的设计手法，体现出中国建筑设计的一种整体观。如图 1-2-19 所示的借景设计，把美轮美奂的室外园林景色，通过家具及陈设品"搬入"室内，目的是营造一个艺术化的生活环境。如图 1-2-20 所示的新中式风格元素配套设计，也运用借景手法，将居室、住宅、庭院的小环境和大环境统一在一起考虑。

图 1-2-19 借景设计

图 1-2-20 新中式风格元素配套设计

2. 相关知识点

2.1 家居风格与家居产品配套

对家居产品配套设计而言，通过对各种风格的比对、分析与归纳，对风格的内涵和艺术手法有比较清晰的了解，可以提高设计师对产品的解读能力和市场的把握能力，赋予产品文化内涵，在风格的指引下统一不同空间多类产品的设计语言。

在学习过程中有意识地区分各种风格的差异，在概念上做必要的分析解释，对风格形成要素细细体会，用风格引导家居产品的整体设计，把家居风格与产品配套设计紧密结合，使得所设计的产品在装饰内容上具有较为统一的视觉愉悦感和文化内涵。

设计风格能理性地反映一个品牌和特色，它能帮助消费者建立品牌意识，产生品牌认知和品牌联想，帮助消费者区分产品，并将品牌内涵和设计风格联系起来。在企业的产品形象管理中，品牌的设计风格发挥着重要的作用，是品牌持久不衰的要素和表现。深圳富安娜家居用品股份有限公司针对不同的消费群体，设立了四个不同风格的品牌，其中："富安娜"以典雅浪漫为产品风格；"馨儿乐"以印花为主，通过花型和清新的色彩体现简约、时尚的风格；"维莎"采用蚕丝和埃及精梳棉等为原料制成高品质面料，表现了尊贵、奢华的风格；"圣之花"注重抽象艺术花卉和几何造型，营造随意、轻松、个性的风格。图 1-2-21 所示为该公司的四个品牌的产品，各有个性，风格特征明显，同时又体现了高贵、典雅、浪漫、温馨的总体风格。

图 1-2-21 富安娜公司产品

家居风格往往影响着家居配套产品的风格。从宏观角度看，家居风格能从一个侧面反映相应时期的社会物质和精神生活。随着社会发展，历代的家居环境与家居产品，都具有时代的印记。图 1-2-22 所示为18 世纪 20 年代产生于法国的洛可可风格空间，它与现代欧式风格空间有明显的区别，这是由于设计理念、施工工艺、装饰材料、色彩、图案、样式与生产力水平、社会文化、社会经济和精神生活状况及哲学思想、美学观点、民俗民风不同而产生的。

图 1-2-22　洛可可风格空间（左）与现代欧式风格空间（右）

　　风格虽然体现于实实在在的家居环境中，但它具有与艺术、文化、社会发展等相关的深刻内涵。不同国家、不同民族有不同的生活方式和家居产品配套方法。图 1-2-23 所示为中式、欧式风格的家居空间，两者的装饰风格与家居产品配套有明显的不同。在家居产品配套设计时，色彩、图案、肌理、材质都要围绕某种风格和情调，营造与之相协调的艺术氛围。

中式　　　　　　　　　　　　　　　　　欧式

图 1-2-23　中式、欧式风格的家居空间

2.2 常用家居风格

风格泛指事物的特色。在艺术、设计领域，风格一词具有两方面的涵义：一是指某一时期流行的一种艺术形式；二是指艺术家、设计师在其创作成果中表现出来的格调特色，在整体上呈现出来的"具有某种特性和意蕴的一系列表现形式，通过这些表现形式显示出艺术家的品格和某一社会群体的人生观"。风格是一个从无数知觉中观察出来的理性概念，体现在艺术、设计作品的内容和形式的各种要素中，如创作手段的要素、处理材料的方式、色彩的配合、造型的形式、加工技法和个人的审美与审视事物的方式等。

在家居产品配套设计中，常用家居风格有欧式风格、中式风格、田园风格、后现代风格、简约风格等。

■ 欧式风格

欧式风格源于古希腊、古罗马时期的艺术、建筑中体现的几何和谐比例、有序和完整的形式。希腊的多立克柱式、爱奥尼亚柱式、科林斯柱式及罗马的拱形结构，为西方的建筑设计规定了明确方向。不管是媒体还是市场上的产品，似乎都将欧式古典主义定义为19世纪以前的各种风格的统称，尤其将巴洛克、洛可可风格作为欧式风格的代表，对其纹样、色彩、造型形式的应用较多。欧式风格按地域文化的不同，主要分为法式风格、意大利风格、西班牙风格、英式风格、地中海风格、北欧风格等几大流派，如图1-2-24所示。

法式风格

意大利风格

西班牙风格

英式风格

地中海风格

北欧风格

图1-2-24 欧式风格主要流派

欧式风格后来不断地分支出来，古罗马时期的古典欧式风格，分为美式、英式的主流欧式风格。现代简化的欧式风格，每一种都有特色，按不同的地域文化，可分为北欧、简欧和传统欧式。古典欧式风格最大的特点是造型上极其讲究，给人的感觉是端庄典雅、高贵华丽，具有浓厚的文化气息。在家具选配上，一般采用宽大精美的家具，配以精致的雕刻，整体营造出华丽、高贵、温馨的感觉。在配饰上，金黄色和棕色的配饰衬托出古典家具的高贵与优雅；古典美感的窗帘和地毯、造型古朴的吊灯，赋予整个空间韵律感；柔和的浅色花艺为整个空间带来柔美的气质，呈现出开放、宽容的非凡气度，没有丝毫局促感；壁炉作为居室中心，是欧式风格最明显的特征，因此广泛应用。在色彩上，常以白色系或黄色系为基础，搭配墨绿色、深棕色、金色等，表现出华贵气质。在材质上，一般采用樱桃木、胡桃木等高档实木，表现出高贵典雅的贵族气质。欧洲风格讲究合理、对称的比例。典型的欧式元素为实木线、装饰柱、壁炉和镜面等，地面一般铺大理石，墙面贴以花纹墙纸进行装饰。在墙面设计上，镶以柚木板或皮革，再在上面涂金漆或绘制优美图案。天花板则饰以石膏工艺或油画。

■ 中式风格

中式风格以中国传统文化为基础，具有鲜明的民族特色。装饰材料以木材为主，室内装饰气势恢弘，高空间、大进深，室内布局匀称、均衡，色彩以红、黑或宝石蓝为主调，家居用品上多龙、凤等吉祥图案。新中式风格的特点是在室内构成形式、装饰布置、色调、家具、陈设造型等方面，吸取传统装饰"形""神"的特征，以传统文化内涵为设计元素，将现代与传统相结合，根据现代人的审美需求，打造具有传统韵味的事物。在设计上，继承汉、唐、宋、元、明、清时期的家居理念的精华，吸取我国传统木构建筑结构与丹楹刻桷装饰，如柱梁构架及其构件装饰刮简、斗拱、雀替、垂花等造型，室内安置格扇、花窗、屏风、家具、匾联等物件，如图1-2-25所示。中式风格按风格倾向，可分为中式贵气风格、中式儒气风格、中式田园风格三种。

■ 田园风格

田园风格指采用具有田园风格的建材进行装修的一种家居风格，简单地说，就是依据田地和园圃的自然特征，利用带有一定程度的农村生活或乡间艺术特色，表现出自然闲适的居室环境。田园风格特点是自然、舒适、温婉、内敛，主要有英式田园、美式田园、中式田园，如图1-2-26所示。

1）英式田园。家具多以奶白、象牙白等白色为主，利用高档的桦木、楸木等做框架，以高档的环保中纤板做内板，配以优雅的造型、细致的线条和高档的油漆处理，散发出从容淡雅的生活气息，又宛若姑娘十八清纯脱俗的气质，无不让人心潮澎湃、浮想联翩。

2）美式田园。又称美式乡村风格，倡导"回归自然"，力求表现出悠闲、舒畅、自然的田园生活情趣，常运用木、石、藤、竹等天然材质的质朴纹理，巧妙设置室内绿化，营造自然、简朴、高雅的居室氛围。

图 1-2-25 中式风格

美式田园

英式田园

中式田园

图 1-2-26 田园风格

3）中式田园。空间上讲究层次，多用隔窗、屏风分割，用实木做出结实的框架，以固定支架，中间用棂子雕花，形成古朴的图案。中式田园风格的门窗一般用棂子做成方格或其他传统图案，用实木雕刻成各式题材造型，打磨光滑，富有立体感。天花板以木条相交形成方格，上覆木板，做成简单的环形灯池吊顶，再用实木做框，层次清晰。家具陈设讲究对称，重视文化意蕴。配饰擅用字画、古玩、卷轴、盆景，再用精致的工艺品点缀，木雕画以壁挂为主，体现中国传统家居文化的独特魅力。

■ 后现代风格

后现代风格是感性和理性、大众和个性、传统和现代相结合的一种设计风格，是现代人很喜爱的家居风格。后现代风格具有历史的延续性，但又不拘泥于传统，常在室内设置夸张、变形的柱式和断裂的拱卷，用非传统的混合、错位、裂变等手法，通过人性化的表达方式，创造一种集理性、传统和现代形象的居室环境。如图 1-2-27 所示。

图 1-2-27 后现代风格

后现代风格是对现代主义的纯理性和功能主义的反叛，依据以人为本的设计原则，强调人的主导地位，更加注重人性化和自由化。后现代风格将现代主义苍白的千篇一律用浪漫主义、个人主义替代，推崇自然、高雅的生活情趣，突出设计的文化内涵。后现代风格主张继承传统文化，在怀旧思潮的影响下追求现代化潮流，将传统的典雅和现代的新颖融合，创造出既时尚又典雅的大众设计。后现代风格以复杂性取代现代风格的简洁、单一，利用非混合、叠加等手段，营造出复杂、多元的氛围。

■ **简约风格**

简约主义也称功能主义，是工业社会的产物，兴起于20世纪的欧洲。简约风格提倡突破传统、创造革新，重视功能和空间组织，注重发挥结构自身的形式美，造型简洁；尊重材料的特性，讲究材料自身的质地；强调设计与工业生产联系，提倡艺术与技术相结合。如图1-2-28所示。

图1-2-28 简约风格

简约风格将设计元素、色彩、照明、原材料简化到最低程度，而对色彩、材料的质感要求很高。因此，简约风格的空间设计通常非常含蓄，往往能达到以少胜多、以简胜繁的效果。简洁、实用、省钱，是简约风格的基本特点。人们装修家居时总希望在经济、实用、舒适的同时，体现一定的文化品味。简约风格不仅注重居室的实用性，而且体现出生活的精致与个性，符合现代人的品位。

3. 任务实践与指导

任务：家居风格调研及设计提案制作。以PPT文本的形式提交。

提示一：调研总结可采用列表的方式，根据不同风格，从时期、代表人物及作品的色彩、样式、图案、材质等方面，对调研、搜集的资料进行分析、归纳、比较与总结。以欧式风格为例，见表1-2-1。

表 1-2-1 不同时期的欧式风格分析

流行时间	分类	代表作品	色彩特点	样式特点	图案特点	材质特点
公元前8~前1世纪	古希腊风格	米罗岛维纳斯，帕提农神庙，海菲斯塔斯神殿	红色、黑色、黄色、白色、蓝色、绿色	完美人体雕塑，花墙装饰，柱式（爱奥尼亚柱式、科林斯柱式、女郎雕像），平面构成为1:1.618或1:2的矩形环柱式建筑圆雕，高浮雕，浅浮雕	图案精细，如狮头、公牛头、印章、蛇神人物形象等	木材、砖、石灰岩、大理石、陶瓦、青铜
公元1~3世纪	古罗马风格	罗马斗兽场，巴尔贝克太阳神庙，罗马万神庙，古罗马马采鲁斯剧场	灰色、白色、黄色、金色	券柱式造型，装饰性壁柱，顶、地、门窗以变化丰富的装饰脚线为主，样式豪华、壮丽，S形曲线，多采用浮雕法	图案以涡卷纹、动植物纹样为主，如雄鹰、翼狮、桂冠、忍冬草、雏菊、玫瑰、紫罗兰、香石竹等	家具材料以名贵木材、象牙、银、铜、金、大理石为主。浮石、混凝土、凝灰岩、灰华石
公元4~6世纪	拜占庭风格	圣索菲亚大教堂，圣马可大教堂	米黄色、金色、原木色	柱头呈倒方锥形，建筑中心位置以圆穹窿顶样式为主，并配以彩色镶嵌	植物或动物图案，多为忍冬草	彩色大理石、马赛克、粉画、玻璃
公元6~12世纪	罗曼风格	昂古莱姆大教堂，施派尔大教堂	香槟色、绛红色、淡蓝色、米白色	结实、厚重的墙体，半圆形的十字拱券，坚固的墩柱，拱形的穹顶，样式以方形为主且矮而胖	筒形、横筒形、十字拱顶	砖、天然石材
公元12~16世纪	哥特风格	科隆大教堂，圣丹尼斯大教堂，亚眠大教堂，巴黎圣母院	惨白色、黑色	线条轻快的尖拱券，轻盈通透的飞扶壁，修长的立柱或簇柱，彩色玻璃镶嵌花窗，多采用圆雕和接近圆雕的高浮雕	夸张、不对称、奇特、怪妄想、恐怖、神秘、复杂的题材图案	天然石材、彩色玻璃
公元14~16世纪	文艺复兴风格	圣母百花大教堂，圣彼得大教堂，巴黎万神庙	红色、橙色、黄色、黄绿色、绿色、蓝绿色	提倡复兴古罗马时期的建筑形式，特别是古典柱式比例、半圆形拱券、穹窿顶为中心的集中式建筑形制	图案追求完美的自然形象，讲究比例、透视	大理石、金属、混凝土、石灰、砖
公元17~18世纪	巴洛克风格	拉斐特城堡，凡尔赛宫	金色、黄色、红色、深蓝绿色	强调线形流动变化，追求新奇，造型多为弧形和三角形，精致的雕刻、金箔贴面、描金填彩涂漆及细腻的薄木拼花装饰	图案趋向自然题材，华丽的破山墙、涡卷纹、人像柱、深深的石膏线等，以突出物体的动感和线型流动变化	纺织品布艺、镀金、石膏或粉饰灰泥、大理石
公元18世纪下半叶~19世纪末	新古典主义风格	维尔纽斯大教堂，苏格兰皇家学院，普拉多博物馆	白色、金色、黄色、暗红为主色调，糅和少量白色	造型设计追求神似，手法简化，图案追求传统样式，镶花刻金	图案题材严肃，精雕细琢，注重装饰效果，崇尚古风、理性和自然	大理石、金属、水晶
公元18世纪	洛可可风格	德国波茨坦无忧宫，巴黎苏俾士府邸公主沙龙，凡尔赛宫的王后居室	娇艳明快的嫩绿、粉红、猩红等色，多用金色	常采用不对称、富有动感、轻快纤细的曲线装饰，轻快、精致、细腻、华丽繁复的装饰样式	弧线和S形曲线，尤其爱用贝壳、旋涡、山石作为装饰题材，卷草舒花，缠绵盘曲，连成一体	岩石、蚌壳、银、陶瓷、金属、木料
公元19世纪上半叶~20世纪初	折衷主义风格	巴黎歌剧院，法国圣心大教堂	金色、黄色、大红色、粉绿色、宝蓝色	把矛盾的两个方面调和起来，原则上模棱两可，不讲求固定的方式，只讲求比例均衡，注重形式美	图案题材丰富，表现形式多样	多种材料混合使用，如金属、木料、大理石、石膏、水泥

提示二： 设计提案制作可参考图 1-2-29 和图 1-2-30 所示案例。

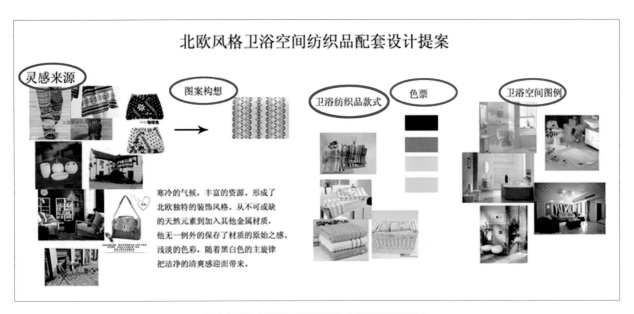

图 1-2-29 北欧简约风格卫浴空间纺织品配套设计提案

图 1-2-30 欧洲古典风格地毯设计提案

4. 自测与拓展

1）谈谈你对风格概念的理解。

2）如何更好地把握风格为家居产品配套设计服务？

任务三 家居产品配套设计方法与布局规划

【**任务名称**】家居空间产品布局规划与产品配置

【**任务内容**】家居空间功能区域划分，给不同功能区域配置产品，撰写产品配置方案说明

【**学习目的**】针对常用户型的家居空间及功能区域，对其配套产品进行布局规划

【**学习要点**】运用设计原则与方法，在给定的家居空间对配套产品进行布局规划

【**学习难点**】在家居空间中如何灵活运用设计原则与方法进行产品选配与布局规划

【**实训任务**】绘制家居空间五大功能区域平面图，并进行家具、配饰等家居产品的布局规划；根据家居空间不同功能区域的要求，进行家具、布艺、灯具、花艺、画品、饰品等家居产品的资料搜集

2. 项目案例：家居空间基本功能区域布局规划与产品配置

2.1 项目概况

■ **项目名称**

　　南通星湖花苑一期。

■ **地理位置**

　　坐落于狼山风景区内。

■ **户型面积**

　　58 m^2。

■ **户型风格**

　　田园风格。

2.2 设计方案

■ **功能区域分析与布局规划**

　　如图 1-3-1 和图 1-3-2 所示。

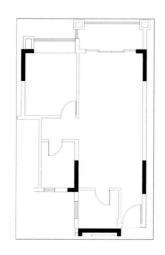

图 1-3-1 原始平面图与功能区域规划

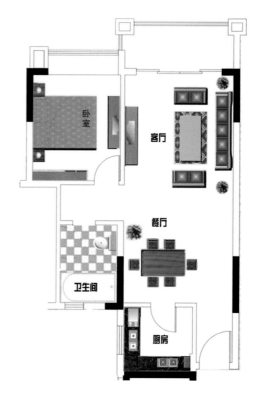

图 1-3-2 功能区域产品布局规划

■ 产品配置方案

如图 1-3-3 和图 1-3-4 所示。

四门衣柜　　　电视柜(1.6m)　　　三人位+贵妃椅+四抽茶几

床(1.8m)+床头柜　　　餐桌(1.4m)+椅(4把)

图 1-3-3 各功能区域产品配置方案一

三人位+贵妃椅+四抽茶几　　　田园妆台+镜+凳　　　电视柜(1.6m)

餐桌(1.4m)+椅(4把)　　　床(1.5m)+床头柜　　　三门衣柜

图 1-3-4 各功能区域产品配置方案二

2. 相关知识点

2.1 家居产品配套设计方法

家居产品配套设计就是使家具、纺织品、灯具、装饰挂件、摆件与花艺绿植等产品与室内硬装协调。家居产品配套包括功能配套、造型和色调的配套及材料的配套。图案、色彩、材料、款式是家居产品配套设计的基本要素，不可分割。设计时要将其中一个要素作为设计重点，使之成为整个设计的视觉点，其他要素起辅助、配合作用。

■ **利用图案配套**

指借助图案在各个单品间形成有机联系。通常利用同一图案元素在各个产品上以不同的大小、色彩、形式重复出现，形成强烈的视觉感染力。如图1-3-5所示。

图1-3-5 利用图案配套

■ **利用色彩配套**

指借助色彩将各个产品有机地组合起来。如图1-3-6所示，将配色相同的纯白色面料与纯度较高的单色块产品组合在一起，两者通过共同的色彩元素统一为一个整体。白色具有强烈的现代感，而面积较大的单色块产品也散发出浓郁的现代气息，两者组合在一起融洽而和谐。

图 1-3-6 利用色彩配套

■ **利用材料配套**

指借助各种材料使各个单品间形成有机联系。通常可采用同类材料的拼接组合或者通过材料再造设计，如纺织面料采用拼接和补花工艺、家具采用木质并与玻璃或金属拼接，都会产生较好的协调、统一性。如图 1-3-7 所示。

图 1-3-7 利用材料配套

■ 利用款式配套

指将款式特色作为各个产品间的关联要素。如图 1-3-8 所示，重复使用同一种款式，使之成为最引人注目的设计内容。

图 1-3-8 利用款式配套

2.2 家居产品配套与居室环境的关系

■ 增加居室环境的舒适性

运用家居产品独特的外观和特质，有效地拉近人与室内环境的距离，并掩饰和弥补其他装饰材料存在的缺陷和不足，在视觉、触觉、情态等方面减弱建筑材料带来的硬质感，给家居环境增添温馨、柔和、惬意的装饰元素，改善居室的舒适性。

■ 营造居室环境的人文氛围

特定的居室环境要考虑家居产品配套的需求，经过设计再制的家居产品与家居空间形态、物质形态相关联。产品的风格、样式具有一定的文化特征，在渲染居室环境氛围以及表达居室主人思想内涵和精神文化方面发挥着重要作用。家居产品的巧妙应用，能打破建筑空间中过于类同的形态，创造变化多样而别具一格的家居空间。如图 1-3-9 所示，利用产品悬吊、垂挂，达到形成空间界面的效果，调节空间的大小，创造封闭或半封闭的空间。通过设计增加或减少空间的尺度，掩饰、弥补建筑空间的缺陷与不足，也可在特定区域铺设地毯或在墙面上悬挂壁毯、隔帘等装饰，强调某个空间。利用造型结构产生联想作用，创造视觉上的虚拟空间。如图 1-3-10 所示的床上方悬挂的幔头，以流动的线条、多变的色彩、强烈的对比创造出视觉上的动态空间。

增减空间

隔离空间

图 1-3-9 家居产品配套创造视觉上的虚拟空间

图 1-3-10 家居产品配套创造视觉上的动态空间

■ **满足人们追求时尚的心理需求**

　　家居产品配套设计受固定结构因素的制约较小，更新周期相对较短，技术手段也较灵活，在艺术的追求上不强调永恒的时空观，更多地追求流行时尚。所以，要求室内产品配套设计满足各种层次与需求的人们在不同季节和不同环境中的审美和使用要求。

■ **打造健康环保的居室环境**

　　家居产品属性中的功能，可在某种程度上增加居室环境的功能性内涵和实用性外延，同时其作为软装产品的特性满足了人们不断追求新的审美和个性化生活环境的需要。

2.3 家居空间产品配套设计原则

■ **形式美法则**

　　1）统一法。指室内所用的装饰材料、饰品和家具都严格地采用同一种形式进行设计，如图 1-3-11 和图 1-3-12 所示。这种方法比较容易产生效果，但易让人觉得单调。

图 1-3-11 统一法家居产品配套实例一

图 1-3-12 统一法家居产品配套实例二

2）烘托法。指室内所有用品都采用同一色系的颜色。有经验的设计师采用这种方法较多，最容易出效果。如中国人在新婚、乔迁、过节等喜庆场合，为了营造欢乐、热情、喜悦的氛围，整个空间以红色布艺为主题元素，让人有释放激情的欲望。红色是我国常用于烘托喜庆色彩的元素，在家居产品中加入红色，立刻显得朝气蓬勃、活力十足。如图 1-3-13 和图 1-3-14 所示。

图 1-3-13 烘托法家居产品配套实例一

图 1-3-14 利用红色布艺烘托喜庆气氛

3）对比法。指利用各产品颜色之间的对比进行设计，如在浅色环境中点缀比较艳丽的装饰品。这种方法最忌讳画蛇添足，重复使用。如图 1-3-15 所示，通过颜色对比，使家居产品在空间中起点缀作用。

鲜 艳 的 色 彩 与 大 面 积 的 灰 进 行 对 比

图 1-3-15 利用颜色对比

■ 构成法则

家居产品配套设计主要针对卧室、客厅、餐厅、卫浴、厨房等五大基本生活功能区。通过家具、纺织品、灯具、装饰挂件、摆件与花艺绿植等产品，营造出温馨、个性的生活空间，构成"大家居"的概念。在进行产品配套设计前，一定要清楚了解整体空间的布局。图 1-3-16 所示为家居空间平面布置图，设计师应根据家居硬装环境进行产品配套规划。平面布置图能清晰表达不同功能区域及配套产品的尺寸、颜色和大体样式等。因此，对室内功能区域的观察和了解是产品配套设计的前提，要懂得家居空间中产品的点、线、面的构成法则。

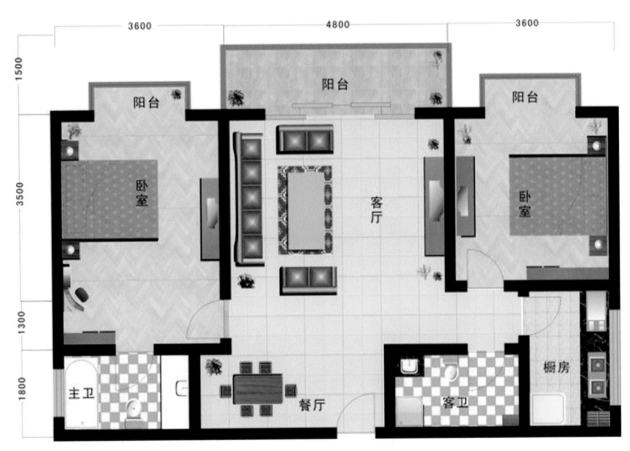

图 1-3-16 家居空间平面布置图（单位：mm）

1）点。点在概念上是指只有位置而没有大小，没有长、宽、高和方向性的静态的形。空间中较小的形都可以称为点。点在室内软装饰设计中有非常突出的作用：单独的点具有强烈的聚焦作用，可以成为室内的中心；对称排列的点，给人以均衡感；连续、重复的点，给人以节奏感和韵律感；不规则排列的点，给人以方向感和方位感。

点在室内软装饰设计中无处不在，一盏灯、一盆花或一个靠垫，都可以看作是一个点。点既可以是一件工艺品，宁静地摆放在室内；也可以是闪烁的烛光，给室内带来韵律和动感。点可以增加空间层次，活跃室内气氛。如图 1-3-17 所示。

2）线。线是点移动的轨迹，点连接形成线。线具有生长性、运动性和方向性。线有长短、宽窄和直曲之分，在家居装饰设计中，凡长度方向超过宽度方向大得多的构件都可以被视为线。常见的线分为直线和曲线两种。

直线如图 1-3-18 所示，竖向条纹的墙布、地毯等刚直挺拔，力度感较强，具有男性的特征。直线分为水平线、垂直线和斜线。水平线使人觉得宁静和轻松，给人以稳定、舒缓、安静、平和的感觉，可以使空间更加开阔。在层高偏大的空间中，通过水平线可以造成空间高度降低的感觉。垂直线能表现一种与重力相均衡的状态，给人以向上、崇高和坚韧的感觉，使空间的伸展感增强。在低矮的空间中使用垂直线，可以造成空间增高的感觉。斜线具有较强的方向性和强烈的动感特征，使空间产生速度感和上升感。

图 1-3-17 点在家居空间中的运用　　　　　　　　　　图 1-3-18 直线在家居空间中的运用

曲线具有女性的特征，表现出一种由侧向力引起的弯曲运动感，如图 1-3-19 所示的曲线墙布，显得柔软丰满、轻松幽雅。曲线分为几何曲线和自由曲线。几何曲线包括圆、椭圆和抛物线等规则曲线，具有均衡、秩序和规整的特点；自由曲线是一种不规则的曲线，包括波浪线、螺旋线和水纹线等，它富于变化和动感，具有自由、随意和优美的特点。在室内软装饰设计中，窗帘和墙布及地毯经常运用曲线图形来体现轻松、自由的空间效果。

图 1-3-19 曲线在家居空间中的运用

图 1-3-20 面在家居空间中的运用

3）面。线的并列形成面。面可以看成是由一条线移动展开而成的，直线展开形成平面，曲线展开形成曲面。面可以分为规则的面和不规则的面。规则的面如图 1-3-20 所示，包括对称的面、重复的面和渐变的面等，具有和谐、规整和秩序的特点。不规则的面包括对比的面、自由性的面和偶然性的面等，具有变化、生动和趣味的特点。

3. 任务实践与指导

任务一：绘制家居空间五大功能区平面图，并进行家具、配饰的布局规划。

任务二：根据家居空间不同功能区要求，进行家具、布艺、灯具、花艺、画品、饰品等家居产品的资料搜集。

提示：以客厅为例，搜集客厅配套产品资料，按产品类别、尺寸、图片等方面归类，建立素材库，见表 1-3-1。

表 1-3-1 客厅配套产品

空间	序号	产品名称	数量	产品类别	产品尺寸（mm）	产品图示
客厅	1	三人沙发	1	家具	2370 x 1000 x 1200	
	2	双人沙发	1		1820 x 1000 x 1200	
	3	单人沙发	1		910 x 1000 x 1200	
	4	茶几	1		610 x 900 x 530	

空间	序号	产品名称	数量	产品类别	产品尺寸（mm）	产品图示
客厅	5	角几	2	家具	610 x 400 x 660	
	6	电视柜	1		610 x 400 x 660	
	7	酒柜	1		1080 x 595 x 2200	
	8	方靠垫	5	纺织品	500 x 500	
	9	桌旗	1		400 x 2000	
	10	窗帘	1		2500 x 2500 x 2	
	11	地毯	1		400 x 200	
	12	吊灯	1	灯具	610 x 61000 x 460	
	13	台灯	6		200 x 200 x 350	
	14	花瓶	1	花艺摆件绿植	200 x 200 x 280	
	15	花束	1		200 x 400 x 6000	

4. 自测与拓展

1）家居产品配套方法是什么？

2）家居产品配套与居室环境有什么关系？

3）家居产品配套设计的原则是什么？

项目二 家居产品配套设计实践

任务一 家具配套设计

【**任务名称**】客厅空间的家具配套设计

【**任务内容**】客厅空间的家具布局规划、家具风格定位、家具配套设计与创意设计方法

【**学习目的**】通过客厅空间的家具配套设计训练，掌握家居空间的布局规划、客厅空间的产品选配、家具
设计与表达

【**学习要点**】客厅空间的家具，尤其是沙发产品的功能、造型和装饰创意设计

【**学习难点**】产品配套与功能的合理化设计，家具和其他产品的造型、色彩、材质的合理选择及其与整体
装饰风格的搭配技巧

【**实训任务**】一：选定某一风格绘制 20 m² 左右客厅空间家具平面布置图
二：选定某一风格对客厅空间家具产品进行配套设计

1. 项目案例：欧式风格的客厅空间家具配套设计

1.1 主题分析

■ 空间构成要素及形式和特色

欧式风格家居空间的主要构成要素基本上有三类：一是室内构件，如图 2-1-1 所示的拱门、柱式、壁炉等；二是家具，如图 2-1-2 所示的沙发、床、桌、椅、几柜等，常以兽腿、花束及螺钿雕刻装饰；三是装饰物材料，如图 2-1-3 所示的墙纸、窗帘（幔）、地毯、灯具、壁画等。

多立克　爱奥尼亚　科林斯

图 2-1-1 室内构件

图 2-1-2 家具

图 2-1-3 装饰物

欧式风格的色彩特点分两个极端，常见的是以白色、淡色为底色，搭配白色或深色家具，营造优雅高贵的氛围，如图 2-1-4 所示；或者以华丽、浓烈的色彩配合精美造型，达到雍容华贵的效果，如图 2-1-5 所示。

图 2-1-4 以白色为底，搭配白色或深色家具的空间氛围

图 2-1-5 以华丽、浓烈的色彩配合精美造型的空间氛围

另外，欧式风格的墙面和天花板的交界线采用阴角线装饰，墙面中部的水平横线采用腰线装饰，如图 2-1-6 所示。顶部造型常用藻井、拱顶、穹顶，顶部灯盘处有绘画。地面一般采用波打线和拼花，也常用实木地板拼花，一般采用小几何尺寸块料进行拼接，如图 2-1-7 所示。

图 2-1-6 墙面和天花板装饰   图 2-1-7 顶部与地面装饰

■ 客厅空间硬装分析

本案例的客厅空间硬装如图 2-1-8 所示，其欧式风格典型元素包括墙纸、柱式、阴角线、腰线装饰、拱券造型门窗和壁画。

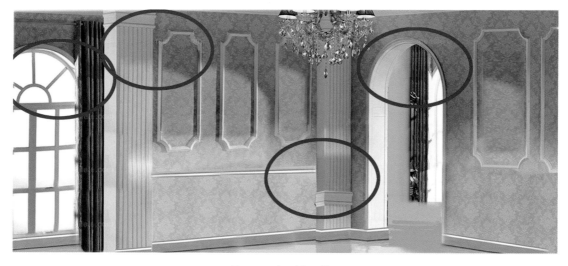

图 2-1-8 客厅空间硬装

1.2 设计步骤

■ 初步构思

欧式风格客厅空间家具配套设计初步构思方案如图 2-1-9 所示。

图 2-1-9 欧式风格客厅空间家具配套设计初步构思方案

■ 开出家具配置清单

在设计制作或选购家具前，应先做一个计划，确定各个功能区域家具的种类与数量、款式与风格、体量与样式、陈设位置与格局等。还要了解不同功能区域的功能、大小及其对家具的要求，如起居室以休息、会客、娱乐为主，家具应以装饰性组合柜与沙发为主。客厅空间所需的家具在布局规划前可开出配置清单，见表 2-1-1。

表 2-1-1 客厅空间家具配置清单

序号	品名	数量	规格（mm）	备注
1	三人沙发	1只	2370 × 1000 × 1200	材料：柚木、皮
2	双人沙发	1只	1820 × 1000 × 1200	材料：柚木、皮
3	单人沙发	1只	910 × 1000 × 1200	材料：柚木、皮
4	茶几	1张	610 × 900 × 530	材料：柚木、大理石
5	角几	1张	610 × 400 × 660	材料：柚木、大理石
6	电视柜	1张	610 × 400 × 660	材料：柚木、大理石

待家具配置方案确定后，进行窗帘、靠垫、桌旗、地毯等纺织品配置，列出纺织品配置清单，见表2-1-2。

表2-1-2 纺织品配置清单

序号	品名	数量	规格（mm）	备注(初步意向)
1	方形靠垫	7只	500×500	工艺：数码印花、刺绣；材料：提花面料
2	长方形靠垫	3只	300×500	工艺：刺绣；材料：提花面料、皮革
3	桌旗	1个	400×2000	工艺：纫缝、编结；材料：提花面料、装饰绳带
4	窗帘	2幅	2500×2500	工艺：帘头褶皱；材料：大提花面料、装饰绳带
5	地毯	1块	4000×300	工艺：机织；材料：混纺面料

1.3 设计表现

■ 家具布局

客厅在家庭生活中扮演着重要角色，是一个家庭的活动中心，也是一个家庭招待亲朋好友的主要场所，是展现居室风格的主要载体，作为整间屋子的中心，往往被主人列为重中之重，精心设计、精选材料，以充分体现主人的品位。客厅空间家具体量不要超过总体量的三分之一，要合理布局，如图2-1-11所示。

本案例的客厅空间约25 m²，根据空间大小，进行平面布局，如图2-1-12中红色圈出部分。

图2-1-11 客厅空间家具布局效果图

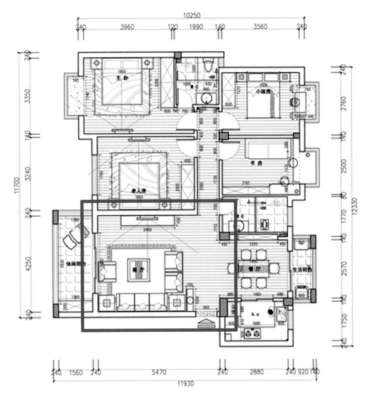

图 2-1-12 家居空间平面布局图（单位：mm）

客厅布局以视听区为中心，确定沙发位置和走向。沙发是客厅空间的主要家具之一。欧式风格沙发配置有 1+1+3、1+2+3、1+3+ 床三种形式。根据空间的大小，进行平面规划与布置。如图 2-1-13 所示。

■**家具设计**

经过充分调研和足够素材的收集，确定家具材质以纯实木骨骼 + 真皮材料为主，然后把设计意图反映到图纸上，完成设计稿。

本案例的各家具效果图如图 2-1-14 所示。

1）家具效果图设计。

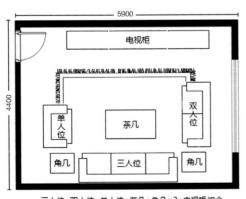

图 2-1-13 客厅家具布局平面图（单位：mm）

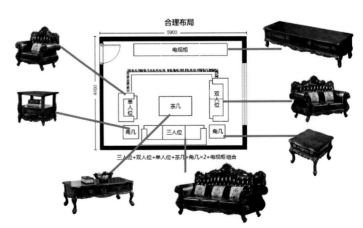

图 2-1-14 各家具效果图（单位：mm）

2）家具尺寸设计。家具尺寸的设计要做到清晰、简明，而且符合方案实施和存档要求。图 2-1-15 所示为沙发尺寸，准确反映了物体的长、宽、高。对单品的表现采用三视图的方式。本案例利用计算机 AUTOCAD 辅助设计软件绘制家具三视图，如图 2-1-16 所示。另外，利用计算机 3DMAX 辅助设计软件绘制家具三维图形，如图 2-1-17 所示。

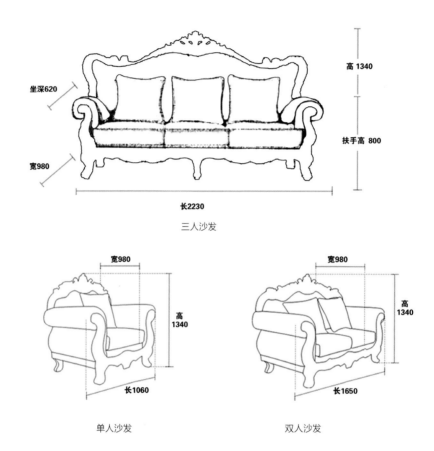

图 2-1-15 沙发尺寸示意（单位：mm）

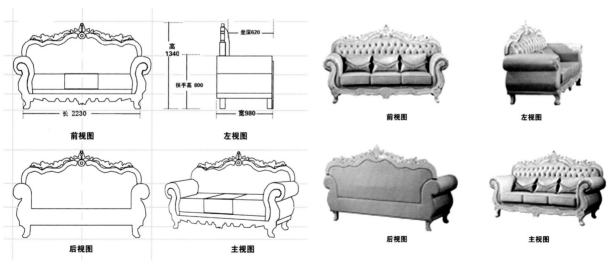

图 2-1-16 沙发三视图（单位：mm）　　　　　　　图 2-1-17 沙发三维视图

3）家具材质与色彩设计。确定家具的大概样式与尺寸后，对材质、色彩进行选择、设计，可以多出几个方案，如图2-1-18和图2-1-19所示。

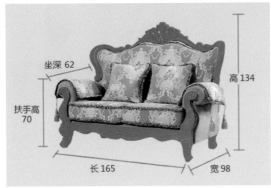

图2-1-18 沙发材质与色彩方案一（单位：cm）

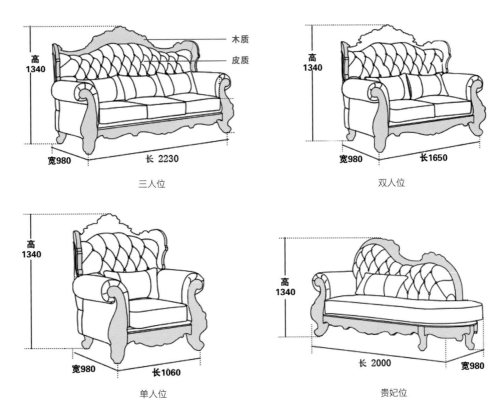

图2-1-19 沙发材质与色彩方案二（单位：mm）

4）家具纹饰设计。家具局部纹饰如图 2-1-20 所示。

图 2-1-20 家具局部纹饰

5）家具纹饰贴图设计。确定家具的尺寸、样式、色彩、材质后，再根据确定的纹饰局部细节与制作工艺进行配套设计，如图 2-1-21 至图 2-1-23 所示。

图 2-1-21 角几纹饰贴图

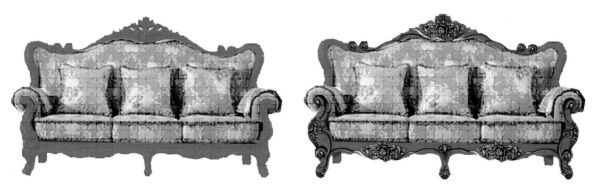

图 2-1-22 沙发纹饰贴图

图 2-1-23 贵妃椅纹饰贴图

■ **家具效果图绘制**

1）家具单品效果图。本案例的客厅空间的家具配套主要有三人沙发、双人沙发、单人沙发、茶几、角几、电视柜，如图 2-1-24 所示。

图 2-1-24 家具单品效果图

2）家具配套空间效果图。如图 2-1-25 和图 2-1-26 所示。

图 2-1-25 家具配套空间效果图一

图 2-1-26 家具配套空间效果图二

2. 相关知识点

2.1 客厅空间布局技巧

客厅空间平面布局的主体是沙发，其布置形式基本决定了客厅的整体格局，常采用的有 L 形布置（图 2-1-27）、 C 形布置（图 2-1-28）、一字形布置（图 2-1-29）、对角布置（图 2-1-23）、对称式布置（图 2-1-31）、地台式布置（图 2-1-32）等。

图 2-1-27　L 形布置

图 2-1-28　C 形布置

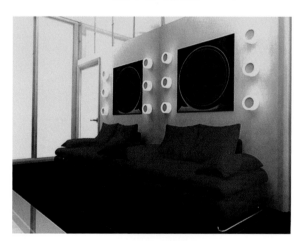

图 2-1-29　一字形布置

图 2-1-30　对角布置

图 2-1-31　对称式布置

图 2-1-32　地台式布置

2.2 家具常规尺寸

■ 客厅家具尺寸

单人沙发：长度 80—95 cm，深度为 85—90 cm，坐垫高 35—42 cm，背高 0—90 cm。

双人沙发：长度 126—150 cm，深度 80—90 cm。

三人沙发：长度 175—196 cm，深度 80—90 cm。

四人沙发：长度 232—252 cm，深度 80—90 cm。

小型长方形茶几：长度 60—75 cm，宽度 45—60 cm，高度 38—50 cm (38 cm 最佳)。

中型长方形茶几：长度 120—135 cm；宽度 38—50 cm 或 60—75 cm。

大型长方形茶几：长度 50—180 cm，宽度 60—80 cm，高度 33—42 cm(33 cm 最佳)。

正方形茶几：长度 75—90 cm，高度 43—50 cm。

圆形茶几：直径 75、90、105、120 cm，高度 33—42 cm。

方形茶几：宽度 90、105、120、135、150 cm，高度 33—42 cm。

■ 卧室家具尺寸

衣橱：深度 60—65 cm；推拉门宽度 70 cm，衣橱门宽度 40—65 cm。

室内推拉门：宽度 75—150 cm，高度 190—240 cm。

矮柜：深度 35—45 cm，柜门宽度 30—60 cm。

电视柜：深度 45—60 cm，高度 30—60 cm。

单人床：宽度 90、105、120 cm，长度 180、186、200、210 cm。

双人床：宽度 135、150、180 cm，长度 180、186、200、210 cm。

圆床：直径 186、212.5、242.4 cm（常用）。

室内门：宽度 80—95 cm，高度 190、200、210、220、240 cm。

窗帘盒：高度 12—18 cm，深度 12 cm（单层布）、16—18 cm（双层布）（实际尺寸）。

■ 餐厅家具尺寸

餐桌：高度 75—78 cm（一般）、68—72 cm（西式），一般方桌宽度 120、90、75 cm。

长方桌：宽度 80、90、105、120 cm，长度 150、165、180、210、240 cm。

餐椅：高度 450—500 cm。

圆桌直径：两人 50、80 cm，四人 90 cm，五人 110 cm，六人 110—125 cm，八人 130 cm，
十人 150 cm，十二人 180 cm。

方餐桌：两人 70 cm × 85 cm，四人 135 cm × 85 cm，八人 225 cm × 85 cm。

餐桌转盘直径：70—80 cm。

餐桌间距：应大于 50 cm（其中座椅占 50 cm）。

■ 书房家具尺寸

书桌：固定式深度 45—70 cm（60 cm 最佳），高度 75 cm；活动式深度 65—80 cm，
    高度 75—78 cm；书桌下缘离地面至少 58 cm；长度最少 90 cm（150—180 cm 最佳）。

办公桌：长度 120—160 cm，宽度 50—650 cm，高度 70—80 cm。

办公椅：高度 40—45 cm，长度 45 cm，宽度 45 cm。

沙发：宽度 60—80 cm，高度 35—40 cm，靠背面 100 cm。

茶几：前置型 90 cm×40 cm×40 cm，中心型 90 cm×90 cm×40 cm、70 cm×70 cm×40 cm；
    左右型 60 cm×40 cm×40 cm。

书柜：高度 180 cm，宽度 120—150 cm，深度 45—50 cm。

书架：高度 180 cm，宽度 100—130 cm，深度 35—45 cm。

活动未及顶高柜：深度 45 cm，高度 180—200 cm。

2.3 家具造型设计的形式美法则

家具造型设计的形式美法则主要有统一与变化、对称与平衡、比例与尺度、节奏与韵律、模拟与仿生等。

■ 统一与变化

统一与变化指矛盾的两个方面，它们既相互排斥又相互依存，统一是前提，变化是在统一中求变化。

统一在家具造型设计中，主要采用协调、主从、呼应等手法。如图 2-1-33 所示的家具造型，主要体现在线条、构件和细部装饰上。运用相同或相似的线条、构件，在家具造型中重复出现，获得整体的联系和呼应的效果。

图 2-1-33 家具造型与装饰呼应

变化是在不破坏统一的基础上，强调家具造型各部分的差异，使得造型丰富多变。家具在空间、形状、线条、色彩、材质等方面都存在差异，如图2-1-34所示的沙发造型，处处体现出对比与一致。

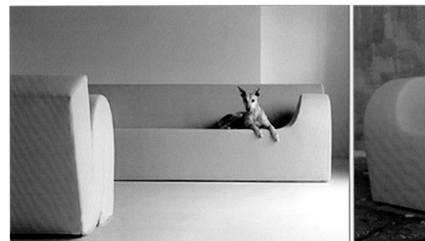

图 2-1-34　对比与一致的沙发造型

■ 对称与平衡

对称与平衡是源自自然现象的美学原则。人体、动物、植物形态，都呈现这一原则。对称与平衡的形式美法则是动力与重心两者矛盾的统一所产生的，通常以等形、等量或等量不等形的状态，沿中轴或支点出现。如图2-1-35所示，家居陈设运用中轴等形、等量法则，具有端庄、严肃、稳定、统一的效果。在家具造型设计中，最普通的手法就是以对称的方式安排形体，常用镜面对称、相对对称、轴对称等方式。

图 2-1-35　对称与平衡的家居陈设

■ 比例与尺度

比例包含两方面的内容：一是家具与家具之间的比例，需注意空间中家具的长、宽、高之间的尺寸关系，以呈现出整体协调、高低参差、错落有序的视觉效果；二是家具整体与局部、局部与部件之间的比例，需注意家具自身的比例关系和彼此之间的尺寸关系。比例匀称的家具造型，能产生优美的视觉效果。如图2-1-36所示的黄金比例又称为黄金分割比，凡一个图形的两段或局部线段与整体线段的比值为0.618或近似时，都被认为是较美的比例关系。

图2-1-36 黄金比例示意图

尺度指尺寸与度量的关系，与比例密不可分。在造型设计中，单纯的形式本身不存在尺度，整体结构的纯几何形状也不能体现尺度，只有在导入某种尺度单位或在与其他因素发生关系的情况下，才能产生尺度的感觉。如图2-1-37所示，把家具的尺度引入可比较的度量单位，或者与陈设空间发生关系时得到尺度概念。最好的度量单位是人体尺度，因为家具是以人为本、为人所用的，其尺度必须以人体尺度为准。

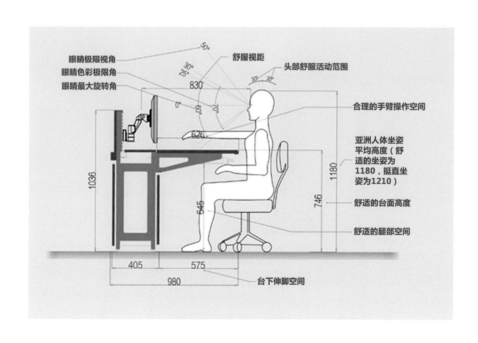

图2-1-37 尺度与人体工学

■ **节奏与韵律**

　　节奏与韵律是构成家具造型的主要形式美法则。节奏美是条理性、重复性、连续性的艺术形式再现；韵律美则是一种有起伏、渐变、交错的有变化、有组织的节奏。它们之间的关系：节奏是韵律的条件，韵律是节奏的深化。如图 2-1-38 所示，建筑设计中心节奏与韵律表现形式有连续韵律、渐变韵律、起伏韵律和交错韵律。

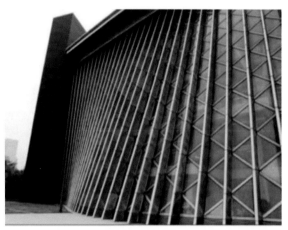

图 2-1-38 节奏与韵律

■ **模拟与仿生**

　　大自然永远是设计师取之不竭、用之不尽的设计源泉。大自然中的任何一种动物、植物，无论其造型、结构还是色彩、纹理，都呈现出一种天然、和谐的美。现代家具造型设计在遵循人体工学原则的前提下，运用模拟与仿生的手法，借助自然界的某种形体或生物、动物、植物的某些原理和特征，结合家具的具体造型与功能，经过创造性的设计与提炼，使家具造型样式体现出一定的情感与趣味，具有生动的形象与鲜明的个性特征。图 2-1-39 所示的家具产品采用模拟手法：局部造型模拟、整体造型模拟、抽象模拟。

图 2-1-39 模拟的家具产品

仿生是一门边缘学科，是生命科学与工程技术科学互相渗透、彼此结合的一门新兴学科。仿生学设计是指从生物学的现存形态受到启发，在原理方面进行深入研究，然后在理解的基础上进行联想，并应用产品设计结构与形态，这是一种人类社会与大自然相协调、相吻合的设计方法，开创了现代设计的新领域。图 2-1-40 所示为仿生的家具产品，设计师应用龟壳、贝壳、蛋壳的造型，利用现代制造技术和现代材料与工艺而制成。层压板、玻璃钢、塑料压模材料，广泛应用在仿生壳体结构的现代家具上。

图 2-1-40 仿生的家具产品

■ **错觉现象**

错觉现象有线段长短错觉、面积大小错觉、线条弯曲错觉。如图 2-1-41 所示，左侧的桌子利用不同材料的拼接，形成桌子上有河流的错觉；右侧的凳子利用不对称切割，产生凳子腿在旋转的错觉。

图 2-1-41 错觉在家具造型中的运用

2.4 家具造型设计方法及要素

■ 设计方法

家具造型设计是家具产品开发与制造的首要环节。家具设计主要包含两个方面，一是外观造型设计，二是生产工艺设计。根据现代美学原理及传统家具风格，把家具造型分为抽象理性造型、有机感性造型、传统古典造型三大类。

1）抽象理性造型。图 2-1-42 所示的红蓝椅是以现代美学为出发点，采用抽象几何形为主要手段的家具产品典范。抽象理性造型具有简练的风格、明晰的条理、严谨的秩序和优美的比例，在结构上呈现数理的模块、部件的组合。从时代特点来看，抽象理性造型是现代家具造型的主流，不仅利于工业化批量生产，在视觉美感上也表现出理性的现代精神。抽象理性造型从包豪斯风格后开始流行，一直发展到今天。

图 2-1-42 红蓝椅

2）有机感性造型。如图 2-1-43 所示的蛋椅、球椅，是以优美曲线的生物形态为依据，采用自由而富于感性意念的三维形体为造型手段，结合壳体结构和塑料、橡胶、热压胶板等新兴材料的家具产品典范。有机感性造型涵盖领域非常广泛，它突破了自由曲线或直线组成形体的狭窄而单调的范围，超越抽象表现意识，将具象造型作为媒介，运用现代造型手法和创造工艺，在满足功能的前提下，灵活地应用在现代家具造型中，具有独特生动、趣味的效果。

图 2-1-43 蛋椅、球椅

3）传统古典造型。如图 2-1-44 所示的传统古典造型家具，清晰地体现了家具造型发展演变脉络，若能得到新的启迪，可为今后的家具造型设计提供新的创意。

图 2-1-44 传统古典造型家具

■ **家具造型的基本要素**

现代家具是一种具有物质实用功能与精神审美功能的工业产品，更重要的是，家具是一种必须通过市场进行流通的商品。家具的实用功能与外观造型直接影响人们的购买行为。外观造型能最直觉地传递美的信息，通过视觉、触觉、嗅觉等知觉要素，激发人们的愉悦感，使人们在使用中得到美的感受与舒适的享受，从而产生购买欲望。要设计出完美的家具造型形象，需要了解和掌握造型的基本要素，包括点、线、面、体、色彩、材质、肌理与装饰等内容，并按照一定的形式美法则构成符合市场需求的家具。如图 2-1-45 所示的家具造型，是从基本形态出发塑造多变形态，是从多视觉、多视点进行多重塑造的结果。

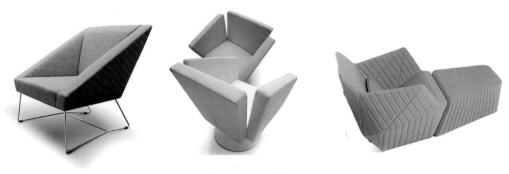

图 2-1-45 家具造型

点是形态中最基本的构成单位。在家具造型设计中，点有大小、方向甚至有体积、色彩、肌理和质感，产生亮点、焦点、中心的效果。在家具与室内的整体环境中，凡相对于整体和背景比较小的形体，都可称为点。如图 2-1-46 所示，餐桌、椅与画、灯构成一个整体，餐桌上的水果、椅面的色彩、墙上的装饰画与造型独特的吊灯，都成为其中的装饰点。

图 2-1-46 家具中的点

线的曲直运动能表现家具造型，并表达出情感与美感、气势与力度、个性与风格。线的形状有直线和曲线两类，两者结合可构成一切造型形象的基本要素。如图 2-1-47 所示，利用直线构成家具，其表情有严格、单纯、富有逻辑性的阳刚有力的感觉。

图 2-1-47 直线构成的家具

　　面是由点的扩大、线的移动而形成的，具有二维空间（长度和宽度）的特点。面是家具造型设计中的重要构成因素。人造板材都是面的形态，有了面，家具才具有实用功能并构成形体。在家具造型设计中，灵活恰当地运用不同形状的面、不同方向的面并加以组合，构成不同风格、不同样式的家具造型，如图 2-1-48 和图 2-1-49 所示。

图 2-1-48 以面造型的家具

图 2-1-49 面构成的家具

　　在家具造型设计中，正方体和长方体是使用最广的，如桌、椅、凳、柜等。在家具形体造型中，有实体和虚体之分。实体和虚体给人心理上的感受是不同的。虚体（由面围合的虚空间）使人感到通透、轻快、空灵而具有透明感，而实体（由体构成的实空间）给人以重量、稳固、封固、封闭、围合性强的感受。如图 2-1-50 所示，利用钢结构和有机玻璃的组合，形成体的切面，充分注意体块的虚实处理，给造型设计带来丰富变化。

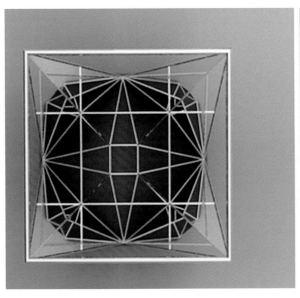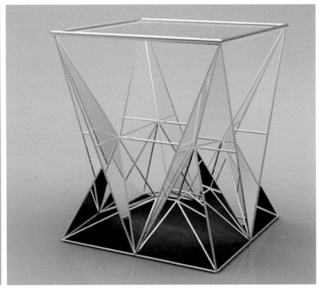

图 2-1-50 体构成的家具

3. 任务实践与指导

任务一：选定某一风格，绘制 20 m² 左右的客厅空间家具布置平面图。

提示：以毫米为单位表示限定的空间尺寸，在满足功能的条件下，对客厅空间的家具进行布局。对不同风格的客厅空间家具布置方案出草图三份，以备客户选择。

任务二：选定某一风格，对客厅空间家具配套进行设计。

提示：要求绘制出主要家具的平面图、立面图、节点图及配套家具效果图。

指导：接受业主的设计委托后，设计者要在设计前完成几项工作：一是技术准备；二是了解业主的需求；三是了解市场情况。

● 技术准备，形成空间布局方案，考察家居结构，了解空间尺寸。

● 了解业主的需求，确定设计风格。

● 了解市场情况，用表格形式列出客厅、卧室、餐厅配套的主要家具的品类、尺寸、材质、色彩、价格等。

● 创意设计与表达，绘制家具设计草图。

● 创意设计，家具及其应用效果图绘制。

一套完整的设计方案包含设计说明、目录、平面布置图、产品图案、色彩、材料、款式结构图及应用效果图。一般采用透视原理，将设计意图以三维视觉形式表现，使观者能直观地了解设计理念和设计效果，它是设计者和业主交流的重要材料。立体效果图可运用 3DMAX、PS、草图大师等设计软件绘制。

● 与客户沟通，修正设计，制作 PPT。

完成全部家具设计图稿，制作 PPT。

PPT 封面内容：项目名称、单位、设计者、设计日期。

PPT 标准版式内容：单位名称、项目名称、项目说明、图的名称和页码；版式中文字的标准字号；版式中的图形造型和图形的标准色。

PPT 正文内容：目录、设计说明、平面布置图、产品草图、尺寸、色彩、材料、款式、结构图及空间应用效果图组成。

4. 自测与拓展

1. 家居空间的家具种类有哪些?

2. 家具在家居空间的作用有哪些?

3. 家具在家居空间的布置方式有几种?

4. 简述家具配套设计流程。

任务二 纺织品配套设计

【**任务名称**】卧室空间的家具与纺织品配套设计

【**任务内容**】卧室空间风格定位、家具与纺织品布局、不低于八件套卧室纺织品配套设计

【**学习目的**】通过卧室空间家具与纺织品配套设计训练，掌握卧室空间的布置技巧、家居产品选配、纺织
品配套设计与表达、产品工艺单制作与价格预算

【**学习要点**】卧室空间的家具选配，纺织品配套设计方法与创意表达

【**学习难点**】配套产品与功能的合理化设计，纺织品造型、色彩、材质的合理选择及其与整体装饰风格的
搭配设计

【**实训任务**】一：选定某一风格、某一空间，进行纺织品配套设计提案制作

二：选定某一风格，对卧室空间的纺织品进行配套设计

1. 项目案例：新中式风格卧室空间纺织品配套设计

1.1 空间风格与布局

■ 空间风格与主题

空间风格为新中式，主题为"华韵"。

■ 卧室面积与硬装

卧室面积为 15 m² 左右，对卧室空间进行布局设计，如图 2-2-1 所示。本案例中，墙面色彩采用高明度、低彩度的近似于人体肤色的淡雅暖色。硬装方面，采用简洁、硬朗的直线条，如床头背景墙采用两根简洁的直线条，既丰富了墙面及空间层次，也为后续的软装提供了空间和条件。

■ 家具样式

如图 2-2-2 所示。

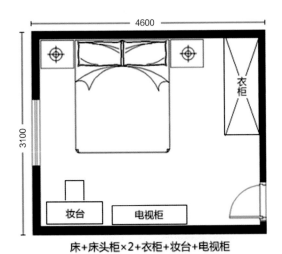

图 2-2-1 卧室空间布局平面图（单位：mm）

图 2-2-2 卧室空间家具样式

1.2 主题与设计元素分析

本案例的设计灵感来源主要是中国人含蓄、内敛的气质，以一种隐喻的表现手法，即借用物的某些特征，表达人们心中对美好生活的向往，赞颂人类崇高的情操和品行。如竹有"节"，寓意人应有"气节"；梅、松耐寒，寓意人应不畏强暴、不怕困难。同理，石榴象征多子多孙，鸳鸯象征夫妻恩爱，松鹤表示健康长寿；牡丹花与瓶子组合寓意富贵平安。依据总体风格要有民族特色且有现代时尚特点的指导思想，设计元素的表达运用中国画的形式，在色彩方面追求干净、淡雅的色调，在主体的白色中加入现代流行的紫粉色、孔雀蓝色和一点浪漫的淡蓝灰色，如图 2-2-3 所示。

图 2-2-3 设计元素表达

1.3 设计提案制作

■ 纺织品主花型设计

如图 2-2-4 所示，将设计元素组成具有主题语言的独幅艺术作品。

图 2-2-4 主花型设计

68

■ 纺织品色彩构思

卧室配套的纺织品色彩要根据家具风格与空间环境进行设计。床品在卧室空间中所占面积较大，会改变整体的色调和风格。因此，在床品色彩设计中，必须考虑色彩的运用及点、线、面的布局。如图 2-2-5 至图 2-2-7 所示。

图 2-2-5 色彩来源

图 2-2-6 床品色彩布局

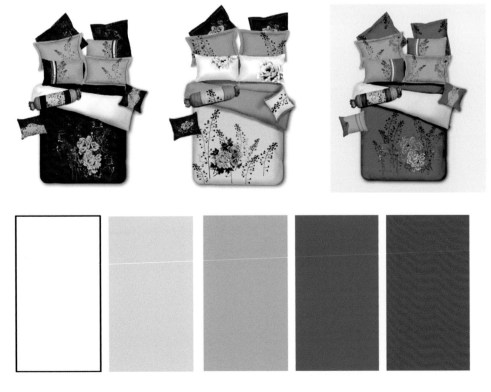

图 2-2-7 床品配色方案

■ 纺织品面料及工艺构思

　　本案例中，纺织品以真丝或全棉贡缎面料为主，运用具有中华民族特色的工艺，如刺绣和中国画，旨在增加产品的观赏性和艺术性。另外，运用手绘加刺绣的手法，增加产品的个性化与附加值。其次，采用现代电脑制版技术，进行色布拼贴、绗缝、缎带镶边等加工。如图 2-2-8 所示。

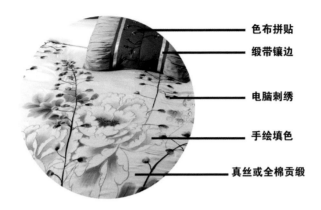

色布拼贴
缎带镶边
电脑刺绣
手绘填色
真丝或全棉贡缎

图 2-2-8 纺织品面料及工艺

■ 配套产品构思

　　一个空间需配套的产品较多，为使空间效果达到整体化，须给出清晰的产品配套方案。通常采用列表的方式，列出配套产品的品类、规格、数量等，见表 2-2-1。

表 2-2-1 "华韵"卧室产品配套方案

序号	产品名称	规格(cm)	数量	备注			
1	被套	220×240	1	四件套	六件套	八件套	十件套
2	床单	250×270	1				
3	信封枕	48×74	2				
4	飞边枕	48×74+8 飞边	2				
5	大靠	60×60+8 飞边	2				
6	腰靠	35×25	1				
7	糖果枕	长68 ×宽50+12边 ×2	1				
8	窗帘	高260×宽350×2片	1				
9	地毯	220×180	1				
10	屏风	200×50	1				
11	灯布	30×100	1				

1.4 卧室空间配套纺织品设计

■ 纺织品平面图设计

如图 2-2-9 所示。

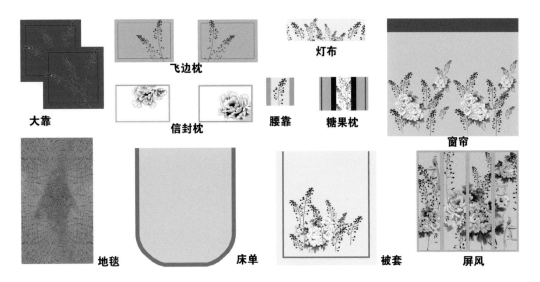

图 2-2-9 纺织品平面图

■ 床品款式设计和工艺

如图 2-2-10 至图 2-2-12 所示。

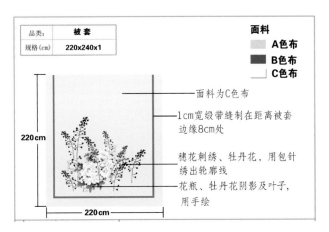

图 2-2-10 被套款式设计和工艺

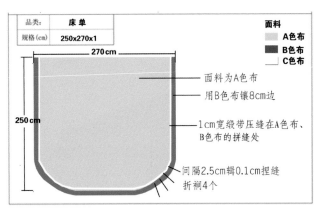

图 2-2-11 床单款式设计和工艺

71

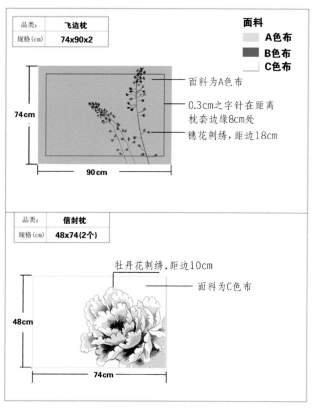

品类:	飞边枕
规格(cm)	74x90x2

面料
- A色布
- B色布
- C色布

面料为A色布

0.3cm之字针在距离枕套边缘8cm处

穗花刺绣,距边18cm

74cm

90 cm

品类:	信封枕
规格(cm)	48x74(2个)

牡丹花刺绣,距边10cm

面料为C色布

48cm

74cm

图 2-2-12 枕套款式设计和工艺

■ 纺织品效果图

如图 2-2-13 和图 2-2-14 所示。

图 2-2-13 纺织品效果图方案一

图 2-2-14 纺织品效果图方案二

■ 纺织品实物图

如图 2-2-15 所示。

图 2-2-15 纺织品实物图

2. 相关知识点

2.1 卧室空间配套设计内容

卧室在功能上以满足人们睡眠、休息的生活需要为主，是最私人化的空间，卧室环境应体现安静、舒适与温馨的特点，从选材、色彩、室内灯光的配置、墙面装饰、家具陈设到室内物件摆设，都要紧扣休闲舒适的主题，营造幽静舒适的空间效果。

■ 卧室色彩

卧室色彩由天棚、墙面和地面三大界面及家具和其他陈设配合构成。根据色彩面积、空间位置和视觉感受，卧室色彩可分为背景色、主体色、强调色三部分。天棚、墙面、地面构成卧室色彩的大色调，即背景色。为了强调卧室的宁静和温馨，背景色一般采用纯度较低的柔和色彩，色彩淡雅、对比弱，如蓝色、粉色和米色等系列。窗帘、床上用品等是卧室内的色彩传递媒介，面积大，是卧室的主体色。其他小面积、小尺度的陈设物，往往采用对比色，是卧室的强调色。

■ 卧室照明

卧室照明以柔和的灯光布置来缓解白天紧张的生活压力，基础照明要低，构成宁静、温馨的气氛，使人有一种安全感，可分为天花板灯、床灯和夜灯等。天花板灯应安装在光线不刺眼的位置；床灯可使室内光线变得柔和，充满浪漫的气氛；夜灯投出的阴影可使室内看起来更宽敞。

■ 卧室墙面

墙面材料多用吸声和隔声性好且触感柔软、美观的墙布、墙纸或乳胶漆，地面材料选择具有保温、吸声功能的地毯、地板为宜。

■ 卧室家具

卧室家具包括床、床头柜、衣橱和梳妆台在内的五件套或加上梳妆椅、五斗橱等组成的 6—8 件套，如图 2-2-17 所示，以床为中心，结合室内空间放置。

图 2-2-17 卧室空间家具配置

■ 卧室纺织品

一般包括床上用品、窗帘、地毯及墙布等。

2.2 卧室空间纺织品配套

■ 床上用品

卧室的主角是床，床上用品（图 2-2-18）是直接与人体接触的物品，具有基础功能性、装饰性、安全性，可以通过视觉、触觉、嗅觉体验。

图 2-2-18 床上用品

1）床品分类（表 2-2-2）。

表 2-2-2 床品分类

序号	分类方法	类别	备注
1	用途	保护垫、床单、被芯、被套、枕芯、枕套、床盖等	—
2	床规格(mm)	120×200、150×200、180×200、200×200	—
3	加工工艺	染色、印花、绣花、色织	—
4	组织结构	小提花、大提花	—
5	细度(s)	40、60、80、100	—
6	材质	天然纤维、化纤	如棉、涤纶
7	组合数量	小四件套、小六件套、大七件套、大九件套	—
8	季节	春秋季、夏季	—

2）床品套件及规格。床品尺寸以床体尺寸为基准。大多数厂家采用通用规格，也有少数厂家采用自己的规格系列，与通用规格略有区别。床品套件规格及配置见表 2-2-3。

表 2-2-3 床品套件规格及配置

类别	配置名称				规格（cm）		数量配置
					150×200床	180×200床	
件套类	大件套	六件套	四件套	枕套	48×74	48×74	2个
				被套	200×230	220×240	1条
				床单	250×245	270×245	1条
			靠枕套		60×60	60×60	2个
		绗棉枕套			48×74+8	48×74+8	2个
		盖单			200×230	230×230	1条
		床盖			200×245	270×245	1条
		装饰枕			Φ16×20	Φ16×20	1个
芯类	装饰枕芯				Φ16×20	Φ16×20	1个
	枕芯				48×74	48×74	2个
	被芯				200×230	220×240	1条
垫类	保护垫				150×200	180×200	1条

3）床品材质。总体上，家用纺织品的材质较单一，主要以天然纤维为主，少量使用化学纤维。常用纤维分类及用途如图 2-2-19 所示。

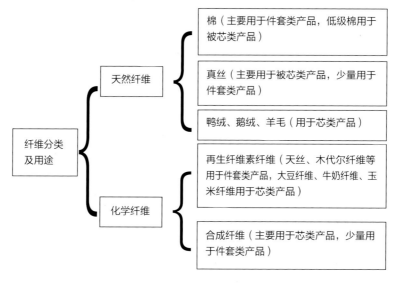

图 2-2-19 常用纤维分类及用途

4）床品面料种类。床上用品面料种类繁多，市场上根据产品销售类别进行划分，利于买家根据自己需求选购。如图 2-2-20 所示。

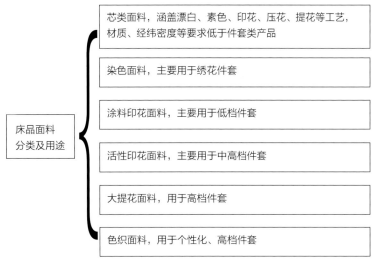

床品面料分类及用途
- 芯类面料，涵盖漂白、素色、印花、压花、提花等工艺，材质、经纬密度等要求低于件套类产品
- 染色面料，主要用于绣花件套
- 涂料印花面料，主要用于低档件套
- 活性印花面料，主要用于中高档件套
- 大提花面料，用于高档件套
- 色织面料，用于个性化、高档件套

图 2-2-20 床品面料分类及用途

5）床品面料门幅。床品面料门幅主要有 235、250、270—300 cm 三种。235 cm 幅宽面料主要是低档涂料印花面料，用于套件类产品；250 cm 幅宽面料是市场上最常见、用量最大的产品，常见的有活性印花面料；270—300 cm 幅宽面料主要用于高档产品，常见的有全棉、真丝大提花面料。

6）床品色彩、图案。床上用品的色彩及图案应与家具、窗帘和谐统一，但要成为整个卧室的聚焦点，可以通过色彩三要素及搭配方法进行优化。值得一提的是，在实际购买中，很多消费者没有考虑到这一点，颜色、图案选用过于艳丽、夸张，无法满足卧室的睡眠功能对视觉的需求。

■ 窗帘

窗帘面料应具有遮光、隐蔽、防热、保温及隔声等性能。卧室窗帘宜用整面墙、落地式、双开型、窗纱和布帘相结合的双层式结构，如图 2-2-21 所示。卧室窗帘设计还可加入遮光帘形成三层式结构，以加大室内软装饰部分，增加室内的柔性成分。

图 2-2-21 卧室窗帘

1）窗帘分类。窗帘在造型结构上由帘头、帘身、帘尾组成。按窗帘层次分，由内帘及外帘组成，见表2-2-4。窗帘造型形式有悬挂式、纵向拉起式、横向开启式、单幅式、双幅式、多幅式等，如图2-2-22所示。帘头一般分为波浪式和平脚式。帘头造型直接决定窗帘的风格，窗帘的所有细节都在帘头设计中。外帘一般分为垂挂式和升降式，升降式一般用于规格较小的窗户。内帘多为纱帘，通常与外帘搭配使用。

表2-2-4 窗帘分类

序号	分类方法	类别	备注
1	结构	内藏式、外挂式	指挂杆、挂钩等
2	长短	落地式、窗沿式	—
3	打褶方式	定褶式、活褶式	定褶用单钩、活褶用四叉钩挂帘
4	打褶比例	打褶式、平板式	—
5	挂帘方式	挂钩式、穿孔式	—
6	功能	装饰帘、遮光帘、纱帘	与内帘、外帘对应
7	材质	天然纤维、化纤	如棉、涤纶
8	织造工艺	小提花、大提花	—
9	印染工艺	染色、印花	—
10	绣花工艺	包针、榻榻米	—

图2-2-22 窗帘造型形式

2）窗帘测量与尺寸。窗帘宽度应根据款式要求进行测量，窗帘高度测量较宽度复杂，下端一般距离地面 3—5 cm，上端应根据轨道、挂杆及连接件要求不同进行测量。外帘比内帘短 2—3 cm，防止外帘内露而影响外观。

3）窗帘材质。常见的窗帘材质有棉、涤纶。涤纶因耐用性、色牢度、缩水率等方面的优点，成为目前使用最广泛的材质。

4）窗帘面料工艺。除了常规的织造、印染面料外，因睡眠需求，需要使用具有特殊的遮光功能的面料，常称为遮光布，可分为涂层和织造两种。涂层遮光布是将金属粉末喷涂于面料表面，一般用子母带与外帘相黏结。织造遮光布是通过织物组织设计，织造时在中间织入一层黑色丝而达到遮光作用的，既是外帘，又是遮光帘。

5）窗帘面料门幅。常见的有宽幅、窄幅两种，窄幅为 140—155 cm，宽幅为 260—280 cm，窄幅面料需要纵向拼接后裁剪使用，宽幅面料横向直接裁剪使用。

6）窗帘色彩搭配。窗帘面料与家具的色彩必须协调，一般以家具色彩为基础，采用单一色彩或邻近色彩搭配法，前者统一、干净、优雅，配套感强；后者搭配层次更丰富，更具细微变化。

7）窗帘图案纹样。选择表现风格近似的花型组合，是纺织品配套设计的主要方法之一。此法虽然在图案造型、构图上不尽相同，但由于风格特点协调，相互没有冲突感。

8）窗帘的原辅材料。如图 2-2-23 所示。

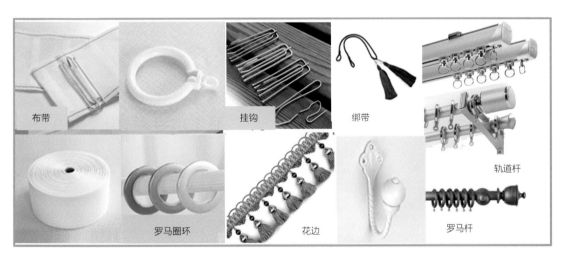

布带　　挂钩　　绑带　　轨道杆　　罗马圈环　　花边　　罗马杆

图 2-2-23 窗帘的原辅材料

● **卧室窗帘设计制作案例**

1）产品说明。窗帘采用隐藏式，窗帘盒内装有两组工字轨道，内帘、外帘各一组，风格简洁，造型明快，卸挂方便。

2）产品效果。如图 2-2-24 所示。

3）原辅材料。外帘用门幅 280 cm 的涤纶色织面料，窗纱用带遮光功能的涤纶面料，5—10 cm 宽的涤纶打折带，四叉钩。如图 2-2-25 所示。

图 2-2-24 窗帘效果

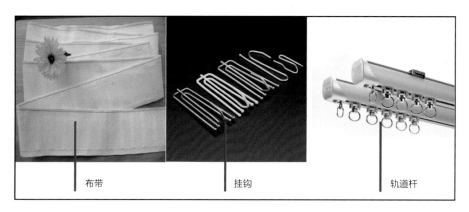

| 布带 | 挂钩 | 轨道杆 |

图 2-2-25 窗帘辅料

4）加工工艺。

A. 参数要求：

（a）窗户墙面规格：宽 380 cm × 高 270 cm。

（b）面料门幅：280 cm。

（c）工字轨道（高 4 cm）。

（d）对开窗帘。

（e）侧边宽 5 cm，内折 1.5 cm 卷边。

（f）底边高度 8 cm，内折 2.5 cm 卷边。

（g）上边折边高度 2 cm，打折带。

（h）打褶比例 1:1.8（1:1.8—1:2.5 之间调整）。

（i）打折带、四叉钩。

（j）窗帘底边与地面距离 5 cm。

（h）两条外帘，两条内帘。

B. 窗帘规格计算：

（a）成品高度 $H_A=H_1$（窗户高度）$-H_2$（窗帘底边与地面距离）$-H_3$（轨道高度）

$$=270-5-4=261\ cm$$

（b）成品宽度 $W_A=W_1$（窗户宽度 /2）$+10$（重叠部分）$=380/2+10=200\ cm$

C. 面料裁剪规格计算：

（a）高度 $H_B=H_A+H_4$（底边高度）$+H_5$（底边内折边高度）$+H_6$（上边折边高度）

$$=261+8+2.5+2=273.5\ cm$$

（b）宽度 $W_B=W_A+[W_2$（侧边宽）$+W_3$（侧边内折边宽）$]\times2=200+（5+1.5）\times2=213\ cm$

D. 组裥数量计算：

（a）组裥距 10—15 cm。

（b）单裥宽度 2—3 cm。

（c）组裥含单裥数三个，则组裥数 =（单片成品窗帘宽度 / 组裥距 + 单裥宽度 × 组裥含单裥数）+1

$$=[\ 200\ /\ (10—15)\ +\ (2—3)\times3\ ]\ +1$$

按实际需要，组裥数量取 9—13 个。

E. 制作流程：

（a）按单片面料高度和宽度 273.5 cm×213 cm 裁剪面料两片）。

（b）划线。

（b）缝制下边。

（d）缝制上边及打折带。

（e）整烫。

F. 价格预算：见表 2-2-5。

表 2-2-5　窗帘价格预算

序号	名称	用料	数量	单价（元）	金额（元）	备注
1	外帘	2.13 m	2条	30—50.00	124.80—208.00	中档面料
2	内帘	2.13 m	2条	15—20.00	62.10—85.20	中档面料
3	打折带	2.13 m	4条	2—2.50	17.04—34.08	—
4	四叉钩	—	4只	0.2—0.5	7.20—26.00	镀锌、烤漆、不锈钢
5	做工	—	4道	15—20	60.00—80.00	—
合计（元）					271.10—433.28	

■ 地毯

地毯是卧室内主要的装饰织物，如图2-2-26所示。地毯是一种软质铺地材料，不但具有减少噪声、隔声、防潮、舒适脚感等功能，还可以提示、限定空间，美化、柔化空间视感。在卧室内铺地毯强调触感温润、舒适，所以地毯的质地相当重要。羊毛地毯和真丝地毯是讲究生活质量和高品位人士的首选。混纺材质和合成类的地毯，由于价格适中，也是不错的选择。

图2-2-26 卧室地毯

1）地毯外形与大小。卧室内纺织品因各自的功能和所占据的空间位置不同，在客观上存在主次关系。如果在卧室地面整体铺上地毯，就和天棚、墙面构成背景色；如果只是在床前或床侧铺设，可选择方形、长方形、椭圆形、圆形等形状的地毯，如图2-2-27所示。地毯一般采用纯毛材料织成，常带有精美的装饰图案和亮丽的色彩，而且花式突出，视觉上起呼应、点缀和衬托作用。卧室地毯规格一般为140 cm×200 cm、150 cm×200 cm 等。

图 2-2-27 不同形状的卧室地毯

2）地毯的分类。

A. 按原料可分为纯毛、化纤、真丝地毯。

B. 按外观可分为毛圈地毯、割绒地毯。

C. 按编织工艺可分为手工、机织地毯。

2.3 客厅、餐厅、卫浴空间的纺织品配套

随着消费水平的提高、生活方式的改变，消费者对室内纺织品的需求越来越多，对室内纺织品的品质及艺术要求也越来越高。卧室、客厅、餐厅、浴室，每个空间都离不开纺织品。

■ 客厅空间配套的纺织品

主要有窗帘、沙发、地毯、靠垫。

1）窗帘。客厅是居家中相对开放性的场所。客厅窗帘不需像卧室窗帘那么强调私密性，应以装饰功能为主，让人们感觉到帘饰本身就是一道耐看的"风景"。窗帘款式变化主要在窗幔上，其造型直接决定窗帘的风格，花边、束带的设计都会受它的影响。

A. 窗帘常用帘幔形式。主要有自然下垂的多重褶皱、错落式的帘头褶皱、平行褶皱帘头、无折裥式帘头、三角旗式帘头等。如图 2-2-28 所示。

自然下垂的多重褶皱

错落式的帘头褶皱　　　　　　　　　　　平行褶皱

无褶裥帘头　　　　　　　　　　　三角旗式帘头

图 2-2-28　窗帘常用帘幔形式

　　B. 窗帘开启方式。外帘以落地、双开等款式为主，横向开启，一般由帷幔、垂饰、遮光帘和束褶带组成，其中束褶带对窗帘的折裥效果起重要作用。有些窗幔线条柔和而流畅，有些华丽富贵，有些简洁前卫，利用不同的束褶带能产生不同的装饰效果。内帘开启一般沿纵向拉起，利用拉绳使窗帘上升收起，常见的有罗马式、气球式、奥地利式。如图 2-2-29 所示。

图 2-2-29 窗帘开启方式

  C. 窗帘造型层次。客厅的窗体一般较大，窗帘适用双帘和复帘。复帘有外帘、中帘、内帘之分，各层帘的厚薄、功能、效果不一。从室内的视觉角度区分内外帘，最靠窗体的内帘用轻柔薄型、透明的褶类、网眼、巴里纱、闪光织物等可增加飘逸感，使室内光线柔和；中帘可用涂铝膜反射型织物，它能反射光和热，可起到隔热保温的作用；外帘一般选用中厚型面料，能隔断室外视线。如图 2-2-30 所示。

图 2-2-30 窗帘造型层次

D. 窗帘面料材质。悬垂性、耐晒性、耐洗涤性、吸声性、阻燃性是选择窗帘材质的基本要求，窗帘面料原料以涤棉、涤麻为主，其次是腈纶和黏胶纤维、毛/涤混纺、有光纤维、花色纱、雪呢尔纱等。

E. 窗帘面料工艺。按面料工艺可分为印花窗帘面料、绣花窗帘面料、提花窗帘面料，如图 2-2-31 所示。欧式风格的客厅窗帘面料花型比较大，排列规则，具有高贵的气质；中式风格的客厅窗帘面料花型具有古色古香的韵味，抽象简约的图案则具有现代感；田园风格的客厅窗帘面料花型比较松散，题材较多，以印花或提花加印花为主，配以纯色或条格，营造自然温馨的氛围。

图 2-2-31 窗帘面料工艺

2）沙发。常见沙发有两种材质，即皮质沙发和布艺沙发。图 2-2-32 所示为皮质沙发，具有经典、贵气、奢华的特质。沙发作为客厅内最抢眼的大型家具，其款式、色彩、样式决定了客厅的气氛、品味、格调，应与天花板、墙壁、地面、门窗的颜色、风格统一，达到相互协调又相互衬托的效果。

图 2-2-32　皮质沙发

　　图 2-2-33 所示为布艺沙发，以多变、实惠为卖点，可以时常更换，成为消费者选择家具时的新宠。碎花、线条、方格、素色、深色等，各有千秋，搭配时注意与其他家具的色调相配、风格统一。具有古典氛围的客厅，挑选颜色较深的单色沙发、条纹沙发或古典图案的提花面料沙发最合适；具有现代风格的客厅，可通过沙发的色彩突出现代时尚感；自然风格的客厅，如果门窗都为白色，典雅大方或花型比较繁复的布艺沙发更能烘托室内的田园风情。

图 2-2-33　布艺沙发

3）地毯。确定风格及色彩之后，地毯图案主要根据家具样式及茶几的摆放位置选择。比如，茶几通常摆放在沙发前的中间位置，这时应选择主题图案在边缘的地毯；使用透明玻璃茶几或茶几摆放在沙发旁边时，整块地毯都展现在视觉范围内，则无所谓主题花型的位置。地毯选用应注意以下几个方面：

A. 质地。客厅多用耐磨、抗倒压、弹性好的地毯。手工真丝地毯和羊毛地毯一直被当作艺术品珍藏，放在客厅可以彰显主人的品位。腈纶胶背地毯以立体感和类似羊毛的质感，加上各种风格设计，现已成为主流地毯产品。雪尼尔地毯以简练舒适的风格和活泼可爱的造型得到了很多人的喜爱。化纤地毯也称为合成纤维地毯，是以锦纶、丙纶、腈纶、涤纶等合成纤维为原料，用簇绒法或机织法加工成纤维面层，再与麻布底缝合而成，其质地、视觉感都近似于羊毛地毯，耐磨而富有弹性，色彩鲜艳，图案丰富，具有防燃、防污、防虫蛀的特点，清洗维护都很方便，在一般家庭客厅中广泛使用。

B. 图案。客厅地毯的花型可以按家具款式进行配套设计。如果使用红木或仿红木家具，选用规则花型地毯比较合适，花纹布局多为对称形式，与家具配套，显得古朴、典雅；如果使用组合式家具，可用不规则图案地毯，会让人感到清新、洒脱，具有时尚感。地毯的风格依赖图案和色彩，如果室内装饰整体是现代简约风格，地毯图案宜用简洁的线性图案或抽象图案，配以大自然的色彩，如淡雅的苹果绿、清新的米色等，都能体现出简洁与质朴。如果室内空间为欧式古典风格，可选择欧风气息浓厚的宫廷"美术式""采花式"等图案的地毯，花纹繁复，图案华美，充满异域风情，与奢华优雅的复古家具互相呼应。如果室内环境为中式风格，加上贵气的红木家具等，则可选择描绘花鸟山水、福禄寿喜等"京式""京彩"中国古典图案的地毯，但要注意色彩与沙发和周围环境的配合。如图 2-2-34 所示。

图 2-2-34 地毯图案

C. 类型。如图 2-2-35 所示，按铺垫方式，地毯可分为满铺地毯、单件地毯和块地毯三类。满铺地毯是一大块地毯，将室内空间的地面全部铺满，用于讲究舒适的客厅。单件地毯为一块正方形或长方形等几何图案地毯，用于衬托客厅环境的气氛，显示居住者的品位，机动、灵活。

满铺地毯　　　　　　　　　　单件地毯　　　　　　　　　　块地毯

图 2-2-35 地毯的类型

4）靠垫。靠垫是客厅的主要装饰配件，也是重要的点缀物品。靠垫与居室的整体环境一般呈衬托关系，与其他织物之间则呈对比关系。以素色面料为主的沙发，通常配以色彩鲜艳的靠垫，相得益彰。靠垫可以采用绸、缎、丝、麻等材质，表面通过刺绣、折褶等工艺装饰，以系列设计的形式，通过面料、色彩、款式、工艺的穿插，达到视觉上的连续和变化。如图 2-2-36 所示，中式风格靠垫用传统绳结、流苏、穗子做装饰，现代简约风格靠垫在面料材质配合和图案布局上展开设计。

图 2-2-36 靠垫

■ **餐厨空间配套的纺织品**

主要有窗帘、地毯、布艺系列。

1）窗帘。餐厅要求有充足的光线，窗帘可采用轻质透光的薄帘，如纱、绸等。

2）地毯。餐厅地毯以阻燃、抗静电、耐脏污、易清洗的化纤地毯为首选，地毯图案设计要符合餐厅的风格和室内的文化内涵，要考虑需应付的各种污渍，纷繁多色、细密的花纹有掩饰污渍的作用，图案布局一般采用二方连续的边缘图案和中心图案结合的形式。

　　3）布艺系列。主要有与餐桌、餐椅、餐具配套的桌布、桌旗、椅垫、餐巾、茶巾、餐垫、餐具环、杯垫、餐椅套、餐椅坐垫、桌椅脚套、餐巾纸盒套、咖啡帘、酒衣等。如图2-2-44所示。

　　餐厅的纺织品配套能调节餐厅气氛。倾向性的色彩、不同的面料质感，加上不同的款式设计、装饰及缝制方法，可以表现出不同风格餐厅的用餐环境。

图2-2-37 餐厅布艺系列

■ **卫浴空间配套的纺织品**

　　主要有浴巾、方巾、擦手巾、地巾、浴衣、坐便器套件等。方巾、毛巾、浴巾为三件套。方巾、毛巾、浴巾套、浴衣为四件套。另外还有地巾、拖鞋、桶套件（坐便套、马桶罩）等配套的纺织品。图2-2-38所示的方巾、毛巾、浴巾的规格，分别为30 cm×30 cm、35 cm×75 cm、70 cm×140 cm。

图 2-2-38 卫浴空间主要配套纺织品

1）毛巾配套。如图 2-2-39 所示，卫浴空间配套的主要纺织品是毛巾。毛巾可以赋予卫浴空间更多的情感因素，是营造温馨的卫浴空间必不可少的功能性的软装饰产品。毛巾配套，一是指用于卫生间或洗浴间的毛巾系列与浴室墙面、地板等装饰风格的协调配套；二是指毛巾系列产品之间，如面浴巾、方巾、擦手巾、地巾、浴衣的统一配套。因此，需要设计师充分考虑人们在卫浴这个特殊环境中的生理和心理需求，将其融入毛巾配套的各个设计要素中。

图 2-2-39 毛巾配套

2）色彩。色彩能给人带来心理联想。如图 2-2-40 所示，毛巾色彩与卫浴环境的协调，是通过色彩的色相、明度和彩度的变化实现的。要注意毛巾色彩与整个卫浴空间的硬装材料色彩协调，色彩搭配主次分明、格调清新，使本来冰冷的卫浴空间变得温馨或现代时尚。如用暖色毛巾装饰卫浴空间，能增加温暖的厚重感；也可以统一采用强烈色彩的毛巾，改变整个卫浴空间的柔弱与单调；还可以通过毛巾色彩与卫浴空间内其他色彩的互相呼应，使卫浴空间显得既均衡又变化、既错落又有序。

图 2-2-40 毛巾色彩

3）工艺。毛巾按纺织工艺分有无捻、有捻、提花、割绒等，按花型工艺分有印花、提花、刺绣等，如图 2-2-41 所示。印花主要通过印染方法形成织物外观艺术效果。提花主要通过织机织造实现织物外观。刺绣是毛巾常用的装饰手段，赋予毛巾高品位的视觉效果，但刺绣面积不能太大，否则会影响毛巾手感。

图 2-2-41 毛巾的花型工艺

4）花型图案。毛巾花型按题材分有自然写真、写意花卉、写实花卉、装饰花卉、标本花卉、几何图形、卡通形象等，按文化分有传统纹样、现代纹样、欧式纹样、地域纹样等。毛巾花型风格要和卫浴空间的装饰风格协调，若表现悠闲、舒畅、自然的田园情趣，可设计成小碎花图案，如浪漫的玫瑰、雅致的薰衣草印花系列；若卫浴空间的装修风格现代前卫，可配套抽象的波普图案毛巾系列。如图 2-2-42 所示。

图 2-2-42 毛巾花型

毛巾一般采用全棉纱，在专门的毛巾织机上织造而成。毛巾饰边有图2-2-43所示的平布边（各种异色或同色直边）、缎边（常见的有缎档产品）、流苏边（高档装饰）、毛边（仅割绒印花产品）、花边（编织花边缝制而成），以及由特种机器加工而成的各种饰边（如贝形机加工的饰边等）。

图2-2-43 毛巾饰边

2.4 卧室空间配套设计技巧

■ 确定主题

过多装饰的卧室不会受到成年人的喜爱，但是对于儿童则刚好相反。儿童的卧室要充满趣味，床不能过高或过低，通常以45 cm为宜，如图2-2-44所示。

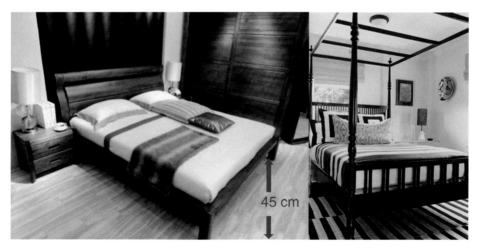

45 cm

图2-2-44 儿童卧室

■ 配置适量抱枕

要使床富有魅力又显得豪华，则不能缺少抱枕的点缀，但卧室中的抱枕数量要适宜。如图2-2-45所示，根据床的大小，配置1—6个抱枕。

图 2-2-45 抱枕配置

■ **座椅搭配**

在床上阅读会让人瞌睡。如图 2-2-46 所示，在床一定距离以外的地方设置座椅，提供更高效、舒适的阅读时光。

图 2-2-46 座椅搭配

■ **放置收藏架**

如图 2-2-47 所示，在床的正对面的墙边放置一个收藏架，这对于那些有收藏癖的人来说是一个绝佳选择，它不仅便于收纳藏品，而且每天一睁眼就能看到心爱之物，喜悦之情油然而生。

图 2-2-47 收藏架

■ 设计良好的床头柜

　　一杯水、一瓶花、一本好书及一盏台灯，大多数热爱生活的人们喜欢在床头柜摆上这些物品。床头柜不仅便于人们起床与入睡前后的活动，也为卧室点缀出独特的风格。如图 2-2-48 所示。

■ 一张优质床垫

　　床垫可以提升睡眠质量，也可以更好地支撑脊椎，选购时牢记重要的一点：宁愿花两倍的价格，也要买能够用上 10—15 年的高质量床垫。如图 2-2-49 所示。

图 2-2-48 床头柜

图 2-2-49 床垫

■ 摄影作品相框（非家庭照）

在卧室内挂一些优秀的摄影作品或艺术照片，能达到丰富卧室空间层次的目的。如图 2-2-50 所示。

■ 充满戏剧感的空间底色

如图 2-2-51 所示，灰色墙面、枝形吊灯、床头板，构成充满戏剧感的空间底色，突出了卧室内亮色系家居用品的存在。

■ 舒适地毯

破坏人们一早的心情的，可能是闹钟，也可能是下床后踩在冷硬地板上的感觉。如图 2-2-52 所示，在床边放置一块舒适地毯，则是点睛之笔。

图 2-2-50 摄影作品应用

图 2-2-51 空间底色

图 2-2-52 舒适地毯

2.5 纺织品配套类别与设计方法

■ 纺织品配套类别

纺织品在不同的室内空间中占有不同的比例，具有不同的功能。根据纺织品在室内环境中的功能，可分为床上用品类、家具覆饰类、地面铺设类、窗帘挂饰类、卫生盥洗类、餐厨杂饰类、装饰陈设类、墙面贴饰类等，如图 2-2-53 所示。

图 2-2-53 纺织品配套类别

■ **纺织品配套设计方法**

1）色彩配套法。纺织品整体的色彩倾向，对居室环境起着决定性的作用。配套时应重点关注纺织品与家居色彩、家具、空间环境及装饰风格的协调。家居色彩由天棚、墙面、地面三大界面及家居环境、家具和其他陈设配合构成，主要包括背景色、主体色、强调色三部分。

调控好背景色有助于突出空间的主从关系、隐显位置，以表现空间的整体感、区域感、体积感、认识感，满足人们的心理要求与行为定位。对家具、陈设品、产品变动较大的空间，墙面、天棚、地面要求有较广泛的适应性。如图 2-2-54 所示，空间与产品色彩对比或协调，或主从。

图 2-2-54 色彩对比

色彩有距离感，让人产生进退、凹凸、远近的不同感受。一般暖色系和明度高的色彩具有前进、凸起、接近的效果，而冷色系和明度较低的色彩则具有退后，凹进、远离的效果。如图 2-2-55 所示空间，利用色彩的冷暖感与距离感改变空间的大小和高低。餐厅空间以米黄色墙纸为背景，陈设用品的色彩鲜明，显得距离近；起居室采用冷色调，显得距离远、空间大。

图 2-2-55 色彩的冷暖感与距离感应用

色彩尺度感是指色彩会影响物体的大小。如图2-2-56所示，利用色彩改变物体的尺度、体积和空间感，使居室内各部分之间的关系更加协调。主色彩占60%，次要色彩占30%，辅助色彩占10%，这个比例比较容易达到配色和谐的效果。

图2-2-56 色彩的尺度感应用

2）主题配套法。家居产品配套设计中，首先要考虑艺术性与和主题性。家居环境的主题应富有时代精神，以政治、经济、文化、科技为背景，并反映社会心理。异国情调、仿古怀旧、返璞归真、回归自然等主题，近年来广受欢迎。主题确定后，产品的造型、纹样、色彩及表现手法都围绕主题展开设计。

3）纹样配套法。在纺织品上运用相同的花型纹样，可以起到相互呼应、相互协调的作用。常利用母题纹样重复、基础图形的不同组合和正负形进行配套。利用母题纹样重复进行配套，就是将相同的基础纹样，以不同的排列手法用于被套、枕套、窗帘、台布、靠垫等纺织品，或者使用同一基础纹样，以印花、织造、刺绣等不同的加工工艺进行变化。利用基础图形的不同组合进行配套，是指基础纹样一致，花型与色彩相同，但图案大小、位置、布局适当变化。例如一个月季花图案，用在窗帘上花型可大些，用在靠垫和床品上花型可小些。利用正负形进行配套，是指纹样相同，做正负形变化。

4）风格配套法。风格相同或近似的花型，其图案造型、构图可能不尽相同，但由于风格一致，将它们组合在一起会很协调，没有相互冲突。风格配套法涉及的因素较多，相对于其他配套设计法，难度较大，但若找到某种联系，就能灵活、自由地使用。

5）同类材质配套法。同类材质在形态上可以呈现比较统一的视觉效果，但也易产生单一现象，改善的方法是采用不同织纹、不同粗细纱线的织物，加强肌理对比。

6）款式配套法。款式是指产品最终形态的线条与造型。一块面料通过剪裁、缝合并配以适当辅料、辅件，才能成为一件有样式的产品。款式的配套，就是样式的配套，主要体现在拼接、装饰、边缘处理、辅料、辅件的运用与统一协调等方面。

2.6 纺织品配套设计形式美法则

家居产品配套设计是一种视觉造型艺术，它必须以具体的视觉形式体现，并力求给人美的感受。了解和认识形式美法则，有助于判断优势，决定取舍，锤炼素材，深化展示理念，获得优美的表现效果。

1) 对称。如图 2-2-57 所示，利用对称关系进行家居空间构图，会给人一种庄重、大方、肃穆的感觉。由于在知觉上无对抗感，产品很容易辨认。

图 2-2-57 对称法则的应用

2) 均衡。均衡是指在空间范围内，家居产品各要素的视觉感保持平衡。利用不等质或不等量的形态获得非对称的平衡，称为不规则均衡或杠杆平衡。动态均衡具有变化的、不规则的特征，给人以灵活、感性和轻快、活泼的感觉。如图 2-2-58 所示，悬挂的窗帘就属于不规则均衡。

图 2-2-58 均衡法则的应用

3) 反复。反复是指相同或相似的要素按一定次序重复出现，主要特征是各要素间的简单秩序和节奏美感，对象容易辨认，知觉上不会产生对抗和杂乱感，同时对象不断出现，在视觉上加深印象，增加记忆度。这是相同和相异的视觉要素（尺寸、形状、色彩、肌理）获得规律化的最可靠方法。如图 2-2-59 所示，相同或相似的家居产品重复出现，在空间内形成连贯性，产生节奏感和韵律感。

图 2-2-59 反复法则的应用

4) 节奏。如图 2-2-60 所示，连续出现近似形式的要素，表现出方向性的递增或递减规律。各要素在数量、形态、色彩、位置及距离等方面，有渐次增加或渐次减少的等级变化。如产品从大到小，布局从疏到密，色彩从浓到淡的变化，创造出动感、力度感和抒情感。

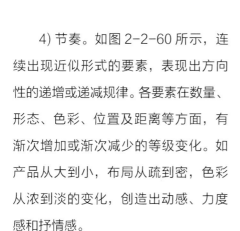

图 2-2-60 节奏法则的应用

5) 对比。对比指要素间的对比，它的主要作用是产生生动的效果，富有活力。图 2-2-61 所示的对比内容十分丰富，有形状的对比、尺寸的对比、位置的对比、色彩的对比、方向的对比、肌理的对比、材质的对比，它们具体体现在纺织品、陈列道具、装饰物、背景等要素的组合关系中。

图 2-2-61 对比法则的应用

6) 调和。调和指在统一整体中各个不同的组成部分之间具有共同的因素。调和体现了局部要素之间的对比及其与整体之间的协调关系。如图 2-2-62 所示，利用某类似要素的调和，给人以抒情、平静、稳定、含蓄、柔和的感觉。

图 2-2-62 调和法则的应用

3. 任务实践与指导

任务一： 选定某一风格、某一空间，进行纺织品配套设计提案制作。

任务二： 选定某一风格，对卧室空间进行纺织品配套设计。

提示一： 任务一的设计提案制作，以中式风格为例，建议从以下方面着手：

1）资料收集。从建筑、家具、绘画、工艺美术品、辅料、缝制及装饰工艺、款式、样式资料、装饰材料与面料材质等方面，进行调研并收集资料。

2）参考案例。在调研分析的基础上，根据搜集的资料，进行归纳总结，提出设计方向和初步构想，其中包括主题方向调研、色彩灵感来源、面料、图案、工艺样式来源等。

提示二： 任务二即对某一风格卧室空间进行纺织品配套设计，可先根据设计提案中的设计方向和初步构想，确定配套纺织品的类别与数量，然后设计主花型，并以平面效果图的形式将不同类别、不同款式的纺织品表现出来，再利用设计软件绘制出配套纺织品的空间效果图，最后制作出配套纺织品的打样工艺单、排料工艺单、款式工艺单、绣花工艺单。

色布绣花套件设计注重绣花图案的点、线、面的构成关系，用形式美法则指导。绣花图案设计要注意工艺的线色限制，最好不要超过六套色。

● **设计方案制作流程：**

1）确定配套纺织品的类别与数量。

2）主花型设计。

3）草图构思与配套纺织品的平面效果图。

4）配套纺织品的空间效果图。

5）打样工艺单。

6）排料工艺单。

7）款式工艺单。

8）绣花工艺单。

9）成本核算表。

4. 自测与拓展

1）什么是家纺设计中的"中国风"？中国传统元素的借鉴使用方法有哪些？

2）卧室空间配套设计技巧有哪些？

3）四件套床上用品的用料计算与排料要求有哪些？

4）简述床上用品的常用面料规格及特点。

5）简述卧室地毯选用的材质类别。

6）卧室窗帘设计与客厅窗帘设计有什么区别？

7）卧室、客厅、餐厨、卫浴空间主要有哪些配套纺织品？

任务三 灯具配套设计

【**任务名称**】餐厅空间灯具配套设计

【**任务内容**】调研、分析家居装修风格及相应的常规设计方法和形成要素，餐厅空间的灯具布局，了解灯具的分类，提交设计提案，灯具款式、色彩和工艺设计，系列配套灯具设计

【**学习目的**】掌握相关资料和信息的收集、分析和归纳及设计思维方法，掌握家居空间的灯具布局、设计提案制作、灯具设计及其空间效果图制作

【**学习要点**】灯具的功能、造型和装饰创意设计

【**学习难点**】灯具的功能、结构与造型及创意设计，灯具造型、色彩、材质的合理选择及其与整体装修风格的配合

【**实训任务**】一：某一风格餐厅空间灯具创意设计

二：某一风格家居空间（客厅、餐厅、卧室、卫浴）的灯具配套设计

1. 项目案例：简约风格餐厅空间灯具配套设计

1.1 主题风格调研

■ 主题风格代表及其作品

极少主义于 20 世纪 60 至 70 年代在美国兴起，偏向极端纯净和几何抽象性，又称极限艺术、最小主义。相关作品如图 2-3-1 至图 2-3-3 所示。

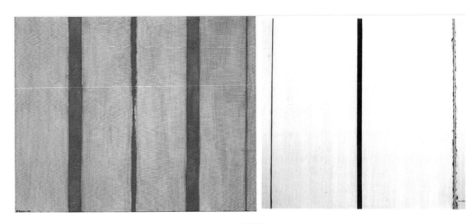

图 2-3-1 纽曼作品

图 2-3-2 弗兰克·斯特拉作品

图 2-3-3 大卫·史密斯作品

简约风格起源于现代派的极简主义，它的特点是在满足功能的基础上最大程度地简洁。简约风格就是简单而有品位，这种品位体现在设计细节的把握上，每个细小的局部和装饰，都要深思熟虑。图 2-3-4 所示为菲利浦·斯塔克的工业设计作品"柠檬压榨机"。

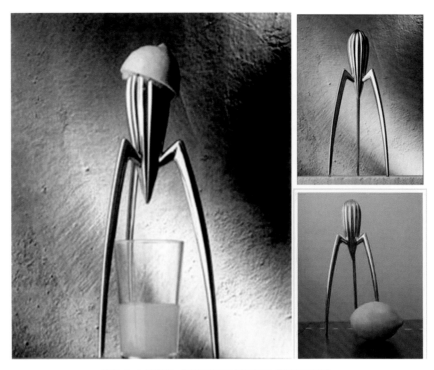

图 2-3-4 菲利浦·斯塔克的工业设计作品"柠檬压榨机"

■简约主义的现代应用

简约主义的特点：最简单的结构，最俭省的材料，最洗练的造型。简约主义风格将设计元素、色彩、照明、原材料简化到最少的程度，但对色彩、材料质感的要求很高。因此，简约设计通常非常含蓄，往往能达到以少胜多、以简胜繁的效果。图 2-3-5、图 2-3-6 所示分别为皮埃尔·蒙德里安作品及其在家居中的应用，具有简单、时尚、通俗、清新的特征。

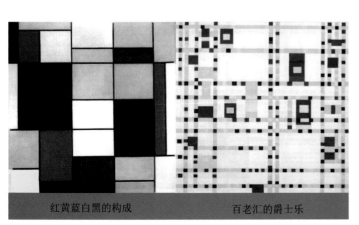

图 2-3-5 皮埃尔·蒙德里安作品

图 2-3-6 皮埃尔·蒙德里安作品在家居中的应用

1.2 灯具调研

我国古代灯饰，不同造型、材质、颜色的现代灯饰，大自然的一花一草，以及全世界范围内优秀建筑的造型艺术，都带来了无限创意，同时给予设计师们无穷的灵感。灯具调研从以上几个方面进行。图2-3-7所示为古代灯饰，图2-3-8所示为现代灯饰，图2-3-9所示为大自然启示，图2-3-10所示为世界优秀建筑，图2-3-11所示为世界优秀灯具，这些都是灵感来源。

木制宫灯

走马灯

长信宫灯

图2-3-7 古代灯饰

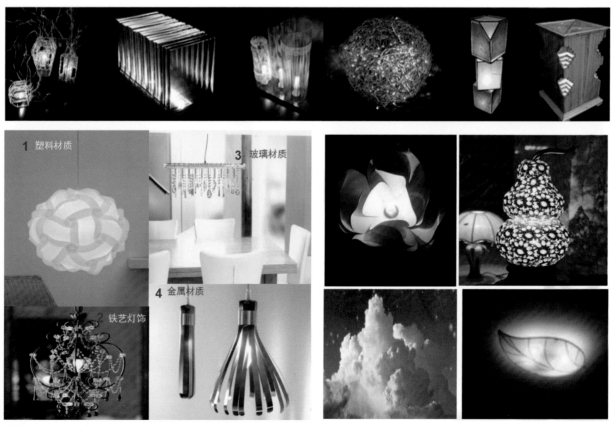

图2-3-8 现代灯饰

图2-3-9 大自然启示

埃及金字塔　　　埃菲尔铁塔　　　水立方

图2-3-10 世界优秀建筑

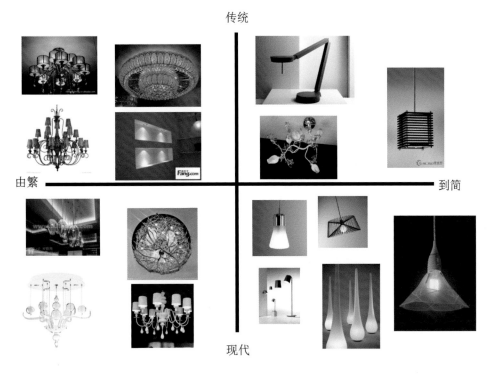

图2-3-11 世界优秀灯具

1.3 设计灵感来源

■ 简约风格家居空间分析

灯饰是居室内最具魅力的调情师，其不同的造型、色彩、材质、大小，能营造不同的光影效果，还可以通过改变其安装位置和调整其灯光强度等手段，达到更好地烘托室内气氛、改变房间结构感的目的，尤其是灯饰高贵的材质、优雅的造型和绚丽的色彩，往往成为居室装修中的点睛之笔。图2-3-12所示为简约风格家居空间构成实例。

图 2-3-12 简约风格家居空间构成实例

■ 灯具设计构思

本案例在设计前对古今中外的灯具色彩、材质、样式及装饰做了大量调研，收集了丰富的资料，并做了系统的整理与分析，然后在此基础上，形成了初步设计构思。灵感来源如图 2-3-13 所示。

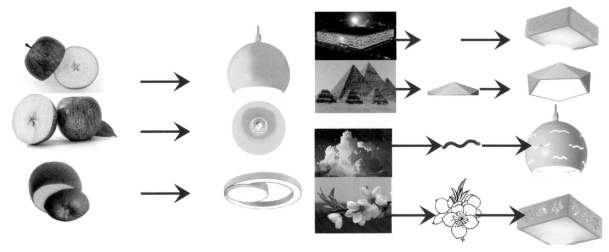

图 2-3-13 灯具灵感来源

1.4 灯具配套设计

■ 灯具款式设计方案

依据设计提案给出的思路，选定灯具的品类和规格，逐一细化配套灯具的款式结构。灯具款式设计及灯具细节如图 2-3-14 至图 2-3-16 所示。

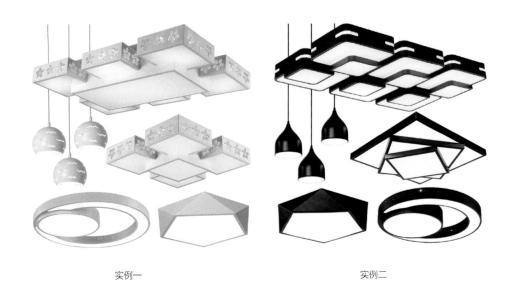

实例一　　　　　　　　　　　　　　　　实例二

图 2-3-14 灯具款式设计

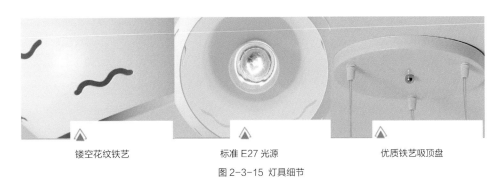

镂空花纹铁艺　　　　　标准 E27 光源　　　　　优质铁艺吸顶盘

图 2-3-15 灯具细节

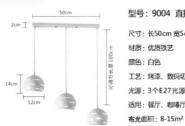

型号：9004 直排三头

尺寸：长50cm 宽5cm

材质：优质铁艺

颜色：白色

工艺：烤漆、数码切割

光源：3个E27光源

适用：餐厅、咖啡厅、酒吧、吧台

布光面积：8-15m²

型号：9004 圆排三头

尺寸：直径24cm

材质：优质铁艺

颜色：白色

工艺：烤漆、数码切割

光源：3个E27光源

适用：餐厅、咖啡厅、酒吧、吧台

布光面积：8-15m²

型号 9004 单头

尺寸：直径12cm

材质：优质铁艺

颜色：白色

工艺：烤漆、数码切割

光源：1个E27光源

适用：餐厅、咖啡厅、酒吧、吧台

布光面积：8-15m²

图 2-3-16 灯具细节说明

■ 按安装位置配套的灯具系列

灯具按其安装位置划分，可分为吊灯、壁灯、地灯、台灯等。本案例根据居室空间需求进行配置，设计了配套灯具系列，如图 2-3-17 所示。

壁灯

吊灯

台灯

落地灯

图 2-3-17 配套灯具系列

1.5 灯具在室内空间的布局

本案例为三室二厅一卫一厨的家居空间，面积为 116.04 m²，硬装为简约风格。如图 2-3-18 所示，根据不同功能区域的面积，进行灯具布局设计，考虑使用功能的同时，要利用不同的照明方式、光照亮度和光影分布，美化环境，烘托气氛，增强空间感觉。

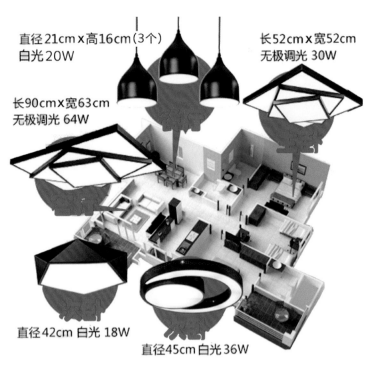

直径21cm×高16cm(3个)
白光 20W

长52cm×宽52cm
无极调光 30W

长90cm×宽63cm
无极调光 64W

直径42cm 白光 18W

直径45cm 白光 36W

图 2-3-18 灯具布局

1.6 灯具应用效果图

各灯具在家居空间中的应用效果如图 2-3-19 和图 2-3-20 所示。

图 2-3-19 灯具应用效果图

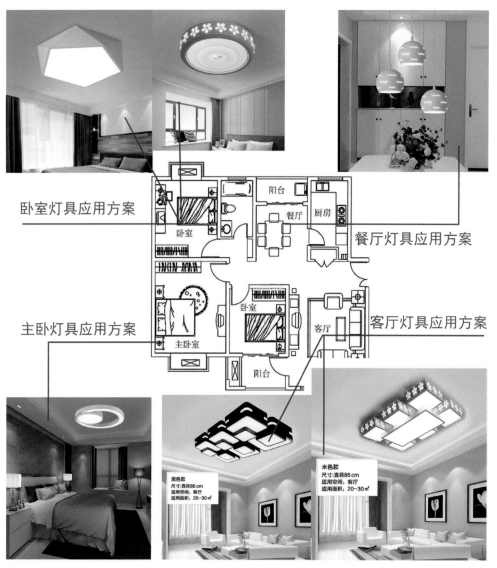

图 2-3-20 灯具应用方案及效果图

2. 相关知识点

2.1 餐厅空间配套的家居产品

  餐厅是一家人用于进餐的空间，在享用美味可口的食物的同时，体会温馨、愉快的家庭氛围。洁净、雅致、亲切、有聚合感，是餐厅的设计原则。地面、墙壁、顶棚的装饰，都应体现这个原则。墙面的色彩应以明朗轻快的色调为主，布置一幅或一套装饰画体现视觉上的亲切感，用虚拟设计手法表现视觉空间的完整性、聚合性，如巧妙的天花板设计配合灯光的使用，以垂钓式、升降式吊灯增加餐桌的局部照明，地面铺设块状地毯以增强区域感。餐桌、餐椅、餐柜是餐厅的主要家具，也是影响就餐气氛的关键因素，它们的造型和布置构成餐厅的主体气氛。餐桌按桌面形式分主要有矩形桌与圆形桌两类，矩形桌包括正方形桌、长方形桌、多边形桌等，圆形桌包括正圆形桌、椭圆形桌等。精美的餐具、茶具、花饰、小摆饰，配上具有使用功能与装饰功能的布艺，如桌布、餐垫、餐巾等，营造出一个具有情调的、理想的就餐环境。如图2-3-21和图2-3-22所示。

图 2-3-21 圆形餐桌与灯具配套

图 2-3-22 矩形餐桌与灯具配套

■**餐厅空间的纺织品**

餐厅空间配套的纺织品主要有窗帘、地毯、布艺（如桌布、桌旗、椅垫、餐巾、茶巾、餐垫、餐具环、杯垫、餐椅套、餐椅坐垫、桌椅脚套、餐巾纸盒套、咖啡帘、酒衣）等。

餐厅的纺织品配套能调节餐厅气氛，倾向性的色彩、不同的面料质感，加上不同的款式设计、装饰及缝制方法，可以表现出欧式皇家气派，或深厚的东方文化底蕴，或优雅的小资情调，或闲适的田园风光，或神秘的异域风情，或酷感简约的现代时尚，形成不同风格的餐厅环境。如图 2-3-23 和图 2-3-24 所示。

图 2-3-23 餐厅配套的纺织品

图 2-3-24 纺织品与灯具配套

1）窗帘。餐厅要求有充足的光线，窗帘可采用轻质透光的薄帘，如纱、绸等。如图 2-3-25 所示。

图 2-3-25 餐厅中的窗帘

2）地毯。阻燃、抗静电、耐脏污、易清洗的化纤地毯为餐厅的首选。地毯图案设计要符合餐厅的风格和整个居室的文化内涵，要考虑可能产生的污渍，如饮料、食品等，纷繁多色、细密的花纹有掩饰污渍的作用，地毯图案布局一般采用二方连续的边缘图案和中心图案结合的形式。如图 2-3-26 所示。

图 2-3-26 餐厅中的地毯

3）布艺。图 2-3-27 所示为与餐桌、餐椅、餐具配套的桌布、桌旗、椅垫、餐巾、茶巾、餐垫、餐具环、杯垫、餐椅套、餐椅坐垫、桌椅脚套、餐巾纸盒套、咖啡帘、酒衣等布艺产品。

图 2-3-27 餐厅中的布艺产品

2.2 家居空间灯具搭配技巧

灯具作为一种装饰手段，在具有艺术性的同时，也应注重实用性。居室中不同功能的房间对照明的要求会有所不同。进行灯具设计，首先要考虑满足居室的照明要求，切不可为了追求艺术效果而忽略其实用性，也不可只追求灯具高档豪华的外观，而忽视其光学性能和照明质量。只有恰当、合理的照度，才能满足人们的视觉和心理等方面的要求。

■ **餐厅灯具**

餐厅是家庭情感交流的重要场所，就餐氛围的营造尤为重要。餐厅灯饰搭配得好，不仅可以营造温馨舒适的就餐环境，还可以增进家庭情感沟通。因此，为餐厅灯饰做搭配设计时，要根据餐厅的朝向、采光、结构和业主的需求，综合考量灯具的尺寸、色温、材料、纹饰图形、工艺等。如图 2-3-28 所示。

图 2-3-28 餐厅中的灯具

开放式餐厅往往与客厅或厨房连为一体，因此，选择灯具款式时要考虑到与之相连的其他房间的装饰风格，或现代或古典，或中式或欧式。如果是独立式餐厅，灯具的选择和组合方式可以随心所欲，只需配合家具的整体风格。总之，不同的灯具因结构及安装位置不同会呈现出不同的光影效果。餐厅的局部照明要采用悬挂灯具，以方便用餐。同时要设置一般照明，使整个房间有一定程度的明亮度。图 2-3-29 所示为开放式餐厅空间的灯具。

图 2-3-29 开放式餐厅中的灯具

　　餐厅是人们进餐的场所，照明设计应热烈、明快，以突出浓厚的生活气息。如果使用暖色（如红橙色）的悬挂式吊灯，再使光线照射在餐桌范围内，可以在划定进餐区域的同时，增强食物的美感，提高进餐者的食欲。对于天花板没有造型的餐厅，可使用较为集中的嵌入式灯具，形成明亮的空间环境，达到突出进餐气氛的目的。在构成室内环境的种种因素中，光的运用非常重要，它能够扩大或缩小空间感，既能形成幽静舒适的气氛，也能烘托热烈、欢快的场面，能使室内的色彩丰富有变化，也不会使活泼的色彩失去活力。这一切都取决于照明方式与环境的协调程度。另外，灯具的选用也有一定的原则，灯具的大小要适合室内空间的体量和形状。大空间用大灯具，小空间用小灯具。如果在小空间中使用大吊灯，会使人感到拥挤和闭塞。另外，灯具的造型要符合艺术性规律，才能达到好的照明效果。柔和的暖色光，可以使餐桌上的菜肴看起来更美味，如图 2-3-30 所示的黄色光。

图 2-3-30 增添用餐气氛的黄色光

■ **厨房灯具**

厨房中的灯具必须有足够的亮度，便于烹饪者随心所欲地创作。厨房内除了需安装有散射光的防油烟吸顶灯外，还应按照灶台布置，安装壁灯或照顾工作台面的灯具。灯具的安装位置应尽可能地远离灶台，避开蒸汽和油烟，并使用安全插座。灯具的造型应尽可能简单，以方便擦拭。

对于开放式厨房，由于其与餐厅连在一起，灯光设置相对较复杂。一般来说，明亮的灯光能烘托佳肴的诱人色泽，所以餐厅的灯光通常由餐桌正上方的主灯和一两盏辅灯组成，前者安装在天花板上，光源向下；后者则可安装在灶具上、碗橱里、冰箱旁、酒柜中，因需要而定。其中，装饰柜、酒柜里的灯光强度，以能够强调柜内摆设又不影响外部环境为佳。

如果空间的高度和面积够大，可以在餐桌上方装饰吊灯，吊灯的高度一般距桌面55—60cm，以免阻挡视线或刺眼。也可以设置能升降的吊灯，根据需要调节灯的高度。如果餐桌很长，可以考虑用几个小吊灯，分别设有开关，这样可以根据需要形成较小或较大的光空间。如图2-3-31所示。

图2-3-31 厨房灯具

■ **玄关灯具**

玄关是居室的门面，给人的第一印象很重要，同时它又是起居室、卧室、厨房等的过渡，所以，其照明设计应大方、庄重。玄关常用的灯具有吸顶灯和造型较为简洁的顶灯，不宜使用太豪华的灯具，显得空间较高而且安静。小玄关可使用造型别致的壁灯，在保证照明亮度的同时，使周围环境显得雅致、富有层次。如图2-3-32所示。

图 2-3-32 玄关布灯

■ 走廊灯具

走廊内的灯具应安置在房间的出入口、壁橱处，特别是楼梯起步和方向性位置，楼梯照明要明亮，避免危险。走廊需要充足光线，可使用带有调光装置的灯具，以便随时调整灯光强度。紧急照明设备也不可缺，以备停电时使用。如图 2-3-33 所示。

图 2-3-33 走廊布灯

■ 客厅灯具

　　客厅是一家人共同活动的场所，具有会客、视听、阅读、游戏等多种功能，需要多种灯光充分配合。客厅灯具的风格是主人品位与风格的一个重要表现。因此，客厅灯具应与其他家具相协调，营造良好的会客环境和家居气氛。如果客厅较大（超过 20 m²），而且层高 3 m 以上，宜选择大一些的多头吊灯。吊灯因明亮的照明而引人注目的款式，会对客厅的整体风格产生很大的影响。高度较低、面积较小的客厅，应该选择吸顶灯，因为光源距地面 2.3 m 左右时照明效果最好，如果房间层高只有 2.5 m 左右，灯具本身的高度应在 20 cm 左右，厚度小的吸顶灯可以达到良好的整体照明效果。射灯能营造独特环境，可安置在吊灯四周或家具上部，让光线直接照射在需要强调的物品上，达到重点突出、层次丰富的艺术效果。如图 2-3-34 所示。

图 2-3-34　客厅布灯

■ **卧室灯具**

卧室是主人休息的私人空间，应选择眩光少的深罩型、半透明型灯具，在入口和床旁共设三个开关。灯光的颜色最好是橘色、淡黄色等中性色或暖色，有助于营造舒适温馨的氛围。除了主灯外，卧室内还应有台灯、地灯、壁灯等，以起到局部照明和装饰美化小环境的作用。

对于睡前有阅读习惯的人，可设置床头灯或壁灯，配合局部照明。壁灯的光线较柔和，卧室内可布置一些造型精巧、别致的壁灯，既有实用性，也有很强的装饰性。使用较多的床头灯是台灯，它不仅是照明工具，也是极好的装饰品。灯罩会给人以现代气息，古色古香的台灯会反映主人个性与品位，光照强度较好，又不影响休息，深受人们喜爱。如图 2-3-35 所示。

图 2-3-35 卧室布灯

■ **书房灯具**

书房是人们工作和学习的场所，光照应安静、平和，还必须有足够的亮度，在需要重点照明的部位，如书桌表面，可使用长吊灯。为了避免产生眩光，可使用带罩的台灯，再用吸顶灯提高整体的照度。在书橱部位，为方便寻找书籍，可设置小型射灯，其光色均匀、柔和。在挂面等装饰处，可采用亮度不大的射灯或壁灯，强调装饰品的美感。书房内除了布置台灯外，还要设置一般照明，减少室内亮度对比，避免视觉疲劳。如图 2-3-36 所示，书房照明主要满足阅读、写作的需要，宜选择款式简单大方、光线柔和明亮的灯具，避免眩光，利于人们舒适地学习和工作。

图 2-3-36 书房布灯

■ 卫浴空间灯具

卫浴空间需要明亮柔和的光线，顶灯应避免安装在浴缸上部。由于室内湿度较大，灯具应选用防潮型，以塑料或玻璃材质为佳，灯罩宜选用密封式，优先考虑一触即亮的光源。可用防水吸顶灯为主灯，射灯为辅灯，也可使用多个射灯从不同角度照射，给卫浴空间带来丰富的层次感。

卫浴空间一般有洗手台、坐厕和淋浴区三个功能区，不同的功能区可用不同的灯光布置。洗手台的灯光设计比较多样，但以功能性为主，镜子上方及周边可安装射灯或日光灯，方便梳洗。淋浴房或浴缸处的灯光可设置成两种形式，一种是利用天花板上射灯的光线照射，另一种是利用低处照射的光线营造温馨轻松的气氛。卫浴空间的格调可戏剧性地改变，因为不同的灯光照射能创造不同的趣味。如图 2-3-37 所示。

图 2-3-37 卫浴空间布灯

2.3 家居灯具类别与选择

■ 灯具分类

按室内照明分类，有台灯、壁灯、吸顶灯 、室内装饰灯、落地灯、吊灯等。

按光源分类，有卤素灯、杀菌灯、太阳能灯、钠灯、白炽灯、荧光灯、二极管、LED 系列 、放电灯、节能灯 、低压灯、石英灯、氙灯、筒灯、射灯、日光灯、汞灯、浴霸灯。

■ 灯具特点与选择

照明离不开灯具，而灯具不只是提供照明，为使用者创造舒适的视觉条件，同时也是家居装饰的一部分，起到美化环境的作用，是照明设计与室内设计的统一体。在家居空间中，灯具的选择应结合不同功能区域的要求而进行。

1）吊灯的特点与选择。吊灯适用于客厅。吊灯的款式最多，常用的有欧式烛台吊灯、中式吊灯、水晶吊灯、羊皮纸吊灯、时尚吊灯、锥形罩花灯、尖扁罩花灯、束腰罩花灯、五叉圆球吊灯、玉兰罩花灯、橄榄吊灯等。用于居室的分单头吊灯和多头吊灯两种，前者多用于卧室和餐厅，后者宜装在客厅里。吊灯的安装高度，其最低点应离地面不小于 2.2 m。

A. 欧式烛台吊灯。欧洲古典风格的吊灯，灵感来自古人的烛台照明方式，那时人们在悬挂的铁艺上放置数根蜡烛。如今很多吊灯设计成这种款式，只是将蜡烛改成灯泡，灯泡和灯座保留蜡烛和烛台的形状。如图 2-3-38 所示。

图 2-3-38 欧式烛台吊灯

B. 水晶吊灯。水晶吊灯有几种类型：天然水晶切磨造型吊灯、重铅水晶吹塑吊灯、低铅水晶吹塑吊灯、水晶玻璃中档造型吊灯、水晶玻璃坠子吊灯、水晶玻璃压铸切割造型吊灯、水晶玻璃条形吊灯等。目前市场上的水晶吊灯大多由仿水晶制成，但仿水晶的材质不同。质量优良的水晶吊灯由高科技材料制成，而一些以次充好的水晶吊灯甚至以塑料充当仿水晶，其光影效果很差。所以，购买时要认真比较，仔细鉴别。如图 2-3-39 所示。

图 2-3-39 水晶吊灯

　　C. 中式吊灯。外形古典的中式吊灯，灯光明亮，造型利落，适合装在门厅区。在居室入口处，明亮的灯光会给人以热情愉悦的气氛，而中式图案会告诉亲朋好友，这是个传统的家庭。要注意的是，灯具的规格、风格应与客厅配套。另外，如果想突出屏风和装饰品，则需要加装射灯。如图 2-3-40 所示。

图 2-3-40 中式吊灯

　　D. 时尚吊灯。大多数家庭不想装修成欧式古典风格，因此现代风格的时尚吊灯更加受到欢迎。目前市场上具有现代感的时尚吊灯款式众多，可挑选的余地非常大，各种线条均可选择。如图 2-3-41 所示。

图 2-3-41 时尚吊灯

消费者最好选择节能光源的吊灯。电镀层的吊灯，使用时间长则易掉色。目前，200 元左右的吊灯才能有一定的质量保证，100 元以下的吊灯质量一般较差。豪华吊灯适合复式住宅，简洁式的低压花灯适合一般住宅。最上档次、价格最贵的属水晶吊灯，但真正的水晶吊灯很少。水晶吊灯主要在广州、深圳等地销售，北方的销量很小，这与北方的空气质量有关，因为水晶吊灯上的灰尘不易清理。消费者最好选择带分控开关的吊灯，这样吊灯的灯头较多时可以局部点亮。

2) 吸顶灯的特点与选用。吸顶灯常用的有方罩吸顶灯、圆球吸顶灯、尖扁圆吸顶灯、半圆球吸顶灯、半扁球吸顶灯、小长方罩吸顶灯等。吸顶灯适用于客厅、卧室、厨房、卫生间等功能区域的照明。

吸顶灯可直接装在天花板上，安装简易，款式简单大方，赋予空间清朗明快的感觉。

吸顶灯内一般有镇流器和环行灯管。镇流器有电感镇流器和电子镇流器两种。与电感镇流器相比，电子镇流器能提高灯和系统的光效，能瞬时启动，延长灯具的使用寿命。同时，它温升小、无噪声、体积小、质量轻，耗电量仅为电感镇流器的 1/3 至 1/4，所以消费者要选择电子镇流器吸顶灯。吸顶灯的环行灯管有卤粉灯管和三基色粉灯管，三基色粉灯管的显色性好、发光度高、光衰慢，卤粉灯管的显色性差、发光度低、光衰快。若要区分卤粉灯管和三基色粉灯管，可同时点亮两灯管，把双手放在两灯管附近，手色发白、失真的是卤粉灯管，手色呈肤色的是三基色粉灯管。

吸顶灯有带遥控和不带遥控两种，带遥控的吸顶灯开关方便，适用于卧室。吸顶灯的灯罩材质通常采用塑料和玻璃，玻璃灯罩现在已很少见。如图 2-3-42 所示。

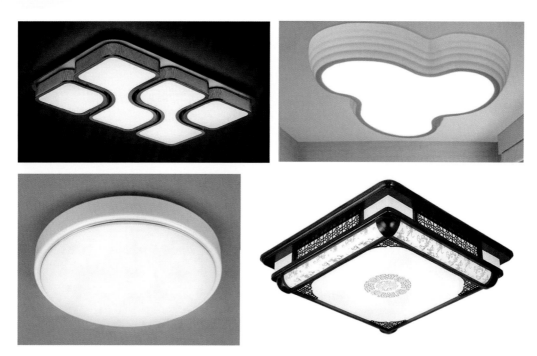

图 2-3-42 吸顶灯

3）落地灯的特点与选用。落地灯常用于局部照明，不讲究全面性，而强调移动的便利性，对于角落部位的气氛营造十分实用。落地灯的照明方式若为直接向下投射，适合阅读等需要精神集中的活动；若为间接照明，可以调整整体的光线变化。落地灯的灯罩下边应离地面 1.8 m 以上。

落地灯一般放在沙发拐角处，其灯光柔和，晚上看电视时，效果很好。落地灯的灯罩材质种类丰富，消费者可根据自己的喜好选择。许多人喜欢带小台面的落地灯，因为可以把固定电话放在小台面上。如图 2-3-43 所示。

图 2-3-43 落地灯

4）壁灯的特点与选用。壁灯适用于卧室、卫生间照明，常用的有双头玉兰壁灯、双头橄榄壁灯、双头鼓形壁灯、双头花边杯壁灯、玉柱壁灯、镜前壁灯等。壁灯的安装高度，其灯泡应离地面不小于 1.8 m。市场上档次较高的壁灯价格在 80 元左右，档次较低的壁灯价格在 30 元左右。选壁灯主要看结构、造型，机械成型的较便宜，手工的较贵。铁艺锻打壁灯、全铜壁灯、羊皮壁灯等，都属于中高档壁灯，其中铁艺锻打壁灯的销量最好。除此之外，还有一种带灯带画的数码万年历壁挂灯，既有照明、装饰作用，又能用作日历，很受消费者欢迎。如图 2-3-44 所示。

图 2-3-44 壁灯

5）台灯的特点与选用。台灯按材质分有陶灯、木灯、铁艺灯、铜灯等，按功能分有护眼台灯、装饰台灯、工作台灯等。

选择台灯主要看电子配件质量和制作工艺，小厂家台灯的电子配件质量较差，制作工艺水平较低。一般客厅、卧室等用装饰台灯，工作台、学习台用节能护眼灯，但节能灯不能调光。如图 2-3-45 所示。

图 2-3-45 台灯

6）筒灯的特点与选用。如图 2-3-46 所示，筒灯一般装设在卧室、客厅、卫生间的周边天棚上。这种嵌装于天花板内部的隐置性灯具，其所有光线都向下投射，属于直接照明，可以利用不同的反射器、镜片、百叶窗、灯泡获得不同的光线效果。筒灯不占据空间，可增加空间的柔和气氛，如果想营造温馨的感觉，可装设多盏筒灯，减轻空间压迫感。筒灯的主要问题出在灯口上，有的杂牌筒灯的灯口不耐高温，易变形，导致灯泡拧不下来。现在，所有灯具必须通过 3C 认证才能进行销售，消费者要选择通过 3C 认证的筒灯。

图 2-3-46 筒灯

7）射灯的特点与选用。如图 2-3-47 所示，射灯可安置在吊顶四周或家具上部，也可置于墙内、墙裙或踢脚线部分，其光线直接照射在需强调的器物上，以突出居室主人的审美观，达到重点突出、环境独特、层次丰富、气氛浓郁、缤纷多彩的艺术效果。射灯光线柔和，雍容华贵，既可对整体照明起主导作用，又可局部采光，烘托气氛。

射灯分低压、高压两种。消费者最好选择低压射灯，其寿命较长，光效也较高。射灯的光效以功率因数体现，功率因数越大则光效越好。普通射灯的功率因数在 0.5 左右，价格便宜；优质射灯的功率因数能达到 0.99，价格稍贵。

图 2-3-47 射灯

8）浴霸的特点与选用。浴霸按取暖方式分有灯泡红外线取暖浴霸和暖风机取暖浴霸，市场上主要是灯泡红外线取暖浴霸；按功能分有三合一浴霸和二合一浴霸，三合一浴霸有照明、取暖、排风功能，二合一浴霸只有照明、取暖功能；按安装方式分有暗装浴霸、明装浴霸、壁挂式浴霸，暗装浴霸比较美观，明装浴霸直接装在顶上，一般不能采用暗装和明装浴霸时才选择壁挂式浴霸。正规厂家生产的浴霸一般要通过"标准全检"的"冷热交变性能试验"，在 4℃冰水下喷淋，经瞬间冷热考验，再采用暖炮防爆玻璃，确保沐浴绝对安全。

浴霸取暖，只要光线照到的地方就暖和，与房间大小的关系不大，主要取决于浴霸的皮感温度。浴霸有 2 个、3 个或 4 个灯泡，一般有暖气的房间选择 2 个或 3 个灯泡的，没有暖气的房间选择 4 个灯泡的（图 2-3-48）。标准浴霸灯泡都是 275 W 的，但低质灯泡的升温速度慢，且不能达到 275 W 的规定功率。选择浴霸时，可以站在距浴霸 1 m 处，打开浴霸，感觉浴霸的升温速度和温度，升温速度快且温度高的相对好些。

图 2-3-48 浴霸

9）节能灯的特点与选用。节能灯的亮度、寿命优于白炽灯泡，尤其在省电方面，前者的口碑极佳。节能灯有 U 型、螺旋型、花瓣型等，功率从 3 W 到 40 W 不等。不同型号、不同规格、不同产地的节能灯，价格相差很大。筒灯、吊灯、吸顶灯等灯具，一般都能采用节能灯。节能灯不适合在高温高湿环境中使用，浴室和厨房内应避免安装。

买节能灯要到有质量保证的灯饰市场，要首选知名品牌，并确认产品包装完整、标志齐全。外包装上通常对节能灯的寿命、显色性、正确安装位置做出说明。节能灯分为卤粉和三基色粉两种，如图 2-3-49 所示。三基色粉节能灯比卤粉节能灯的综合性能优越，有的商家把卤粉节能灯当作三基色粉节能灯销售，欺骗消费者。

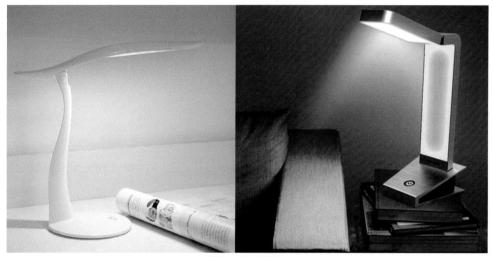

图 2-3-49 节能灯

2.4 照明方式与照明灯应用

■ 常用电光源分类

如图 2-3-50 所示。

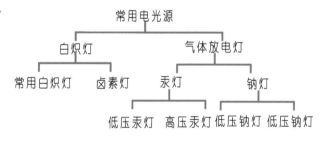

图 2-3-50 常用电光源分类

光照是人类认知世界和改造世界的必备条件，相对于室内照明，可以分为自然光和人工光两大部分。人工光可以调节和选用，所以比自然光灵活，同时还可以营造不同的室内环境气氛和不同的光照效果。按照明方式分类有一般照明、局部照明、混合照明。

■ 一般照明

一般照明不强调照度均匀，而是在保证足够照明前提下强调照明气氛，着重考虑装饰美与体现环境特点。这种非均匀照明的布灯主要有两种方案。

1）中心照明方案。中心照明方案主要用于客厅、宴会厅，在大堂的中心装设大型吊灯，充分体现豪华欢快的气氛。

2）分区照明方案。分区照明方案多用于商场或面积大的空间。均匀照明较呆板与一般化，不能刺激人们的购买欲望。分区照明能突出商品，吸引消费者目光。一般将商场分成若干个商品区，对各商品区的照明可视商品特性而异，采用不同光源，衬托各类商品的特色，产生良好的效果。

■ 局部照明

局部照明的目的是照亮某个局部。办公桌、展品、工作台等，一般通过装设小型射灯来实现局部照明。对于一些面积稍大的局部照明，采用荧光灯或投射式吊灯布置。

■ 混合照明

1）基本照明。基本照明是为整个场所设置的均匀照明。

2）重点照明。重点照明采用集中的光束照射某个物体、艺术品或建筑的细部结构，主要目的是取得艺术效果。如果要突出家具陈设、橱窗陈设或服装卖场等空间，应采用漫反射照明，利用直接的灯光照射突出主题。

3）装饰性照明。灯具的装饰性也是实用性，否则其装饰性无从谈起。一是观赏性，即灯具的材质优美、造型别致、色彩新颖、美观个性。二是协调性，装饰性照明与房间配饰、家具陈设配套，灯具造型和材料与家具一致。三是突出个性，光源色彩可按照人们的需要营造气氛，如安静、热烈、沉稳、宁静、祥和等。如图 2-3-51 所示，有的偏照明，有的偏装饰，可根据不同的室内空间要求综合考虑。装饰照明的色彩不同，视觉效果也不同。正确的灯具布置，如集中性、固定性、移动性、分布式、组合式、重点式、衬托式、单一式等，对家居空间的实用性与装饰性有决定意义。

图 2-3-51 家居空间的装饰性照明

2.6 优秀灯具创意案例

■ 主题：点燃快乐

1）主题概念的提出。灯光始终伴随着人们生活的步调。在办公室里，日光灯让人们保持理智，提醒人们努力工作。当人们回家时，离开理性的日光灯，拥抱温馨的暖色调灯光。餐桌上的吊灯，明亮而轻松，让人们尽情享受佳肴。在家中的小角落安置一些有趣的小灯，可以制造惊奇的效果，最新的小灯甚至有充电功能，可以像手机那样随身带走，这些可爱小灯装满有趣的点子，可以改变人们的情绪。主灯虽然是一个家的灵魂，但小灯的创意设计、可爱的造型、惊奇的灯光变化，也能造成惊艳的效果，让人们回到家而走到卧室的某角落时，嘴角不经意地扬起，露出同事在日光灯下见不到的神秘而满意的笑意。

2）设计产品呈现。如图 2-3-52 至图 2-3-56 所示。

A. 手袋灯。图 2-3-52 所示的粉红色手袋灯，可以随意提着走，灯光从灯型的窗口小心地探出头来。两件极其普通的物品，组合在一起，能创造出别有意味的崭新产品。

B. 鲜花灯。"让光如花一般绽放"是设计师的愿望。要实现这样的愿望，方法很简单，那就是让灯穿上一件花衣裳，美丽的花朵就能在温暖的光线中盛开，如图 2-3-53 所示。

C.EDDY 随意搁置灯。图 2-3-54 所示的马克与柏尼力设计的 EDDY 灯是幽默设计的典型例子，它没有高科技因素，有的只是搅乱传统"GOOD DESIGN"的想法。EDDY 灯被塑造成人体的形状，四肢配有吸盘，这样它就可以自在地以各种有意思的形态存在。

D.Garlands 系列灯具。图 2-3-55 所示的 Garlands 系列灯具出自设计师 TORD BOONTJE 之手。打开这样的灯具，就好像在阳光下长出金属的花草植物，热烈而美丽。这些肆意绽放的鲜花是由镀氧化层的亮金属做成的。

E. 冰砖灯。芬兰新一代设计英雄哈里·考斯基宁凭借冰砖灯（图 2-3-56）获得了国际设计界的喝彩。这只外形看上去就像嵌在冰块里的灯，经历了一系列的技术研究才得以成功，它机巧而有趣，成为许多年轻人的新宠。

F. 书本灯。如图 2-3-57 所示，把灯当作书本放在书架上，是为了打破平常的照明习惯，也是为了让满墙的书架在夜晚充满情调地炫耀自己，也许灵感就在其中闪现。

图 2-3-52 手袋灯

图 2-3-53 鲜花灯

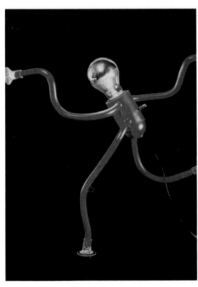

图 2-3-54 EDDY 随意搁置灯

图 2-3-55 Garlands 系列灯具

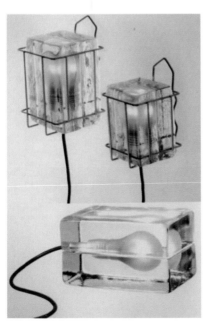

图 2-3-56 冰砖灯

图 2-3-57 书本灯

3. 任务实践与指导

任务一: 某一风格餐厅空间的灯具创意设计。

任务二: 某一风格家居空间(客厅、餐厅、卧室、卫浴)的灯具配套设计。

提示: 资料收集与调研分析,以餐厅灯具、餐桌配套的纺织品为主,围绕色彩、图案、款式、面料、辅料、工艺手法等方面,进行灯具分类,收集与灯或光有关的诗句、灯谜、故事等资料。

分析、归纳出灯具设计特色和风格形成要素,从色彩、造型样式、材料工艺、图形图案等方面,总结家居产品中灯具的常规设计方法和形式。设计提案及设计方案制作可参考本书中案例。配套设计要注重造型、色彩及图案的点、线、面的构成关系,用形式美法则指导;设计方案要注意工艺结构、尺度的把握,最好出两套以上方案(系列灯具、纺织品、家具),供客户选择。在每一阶段实施自我评价,主要从以下几方面进行:

- 餐厅风格与灯具风格的配套分析是否准确。
- 材料的选择是否体现风格的表现需要。
- 构思草图和设计方案的初步确定是否体现设计的初貌。
- 是否具有可行性电脑设计方案,完成款式细节,规格工艺是否具有产品成品特性(可预计的成品成本)。

4. 自测与拓展

1. 简约风格与极少主义的关系是怎样的?
2. 简述家居空间灯具配套设计提案及方案制作流程。
3. 家居空间灯具有哪些类型?
4. 家居空间灯具有哪些布局技巧?
5. 室内照明方式有哪几种?照明灯如何在家居空间应用?

任务四 装饰摆件与植物花艺配套设计

【**任务名称**】家居五大功能空间产品配套设计

【**任务内容**】调研与分析，提炼家居中装修风格及该风格形成的设计要素；完成家居五大功能空间装饰摆件与植物花艺产品的布局规划；装饰摆件与植物花艺产品配套设计，完成家居五大功能空间的产品配套设计方案；选择一个功能空间的配套产品进行打样制作，将制成的产品进行展示陈列

【**学习目的**】掌握装饰摆件与植物花艺配套设计的思维方法、整体布局规划与产品组织方法；掌握装饰摆件与植物花艺产品供生产用的工艺结构图及设计文案制作；掌握家居空间整体配套产品的开发设计流程、工艺制作及产品发布

【**学习要点**】田园风格的装饰摆件与植物花艺产品在家居五大功能空间的配套设计

【**学习难点**】配套产品的功能、结构与造型的创意设计；装饰摆件、植物花艺与其他家居产品在造型、色彩、材质方面的合理选择、设计与运用

【**实训任务**】一：装饰摆件与植物花艺在家居空间的配套设计
二：家居空间整体配套产品设计与制作

1. 项目案例：田园风格家居空间装饰摆件与植物花艺配套设计

1.1 装饰摆件与植物花艺产品设计提案

■ 设计主题

云水禅心——生态景观花艺摆件。

■ 设计理念剖析

1）田园风格分析。18 世纪后半叶，洛可可的抒情演变成田园小调，在越来越工业化、机械化的社会环境中，人们追求逃避现实、回归自然。18 世纪晚期，德籍年轻人克里斯多夫·菲利普·奥贝尔康普在巴陵郊外的朱伊小镇开设印染厂，所生产的印染图案面料流行于当年的宫廷内外。朱伊图案是法国传统印花图案，是以人物、动物、植物、器皿等构成的田园风光、劳动场景、神话传说、人物事件等连续循环图案。图案以正向图形表现，是最具有绘画情感的面料图案之一，是绘画艺术和实用艺术结合的典范。

田园风格倡导"回归自然"，将田园气息引入居室内，多用木材、棉织物、石材等天然材料，显示材料纹理，透着阳光青草的自然味道。室内环境以自然色调为主，散发着质朴气息的色彩是田园风格的典型特征。家具以原木色为主，悄然无声便赋予人们心旷神怡的感受，回归自然的心情油然而生。田园风格的装饰，追求的文化基点相同，又根据侧重点和文化载体不同，或自然朴实或浪漫优雅，呈现出不同的观感和体验。

针对田园风格产品，从形式、定位和价格等角度提出设计理念：在保持原有产品基本功能特点的同时，设计具有独特性和创新性、价格在中档的产品。

2）生态景观花艺摆件的市场调研。本案例的市场调研实施从五个方面进行：市场调研问卷设计（图2-4-1）、市场调研与结果分析（图2-4-2）、色彩趋势调研（图2-4-3）、使用情境调研与分析（图2-4-4）、价格调研。

一种景观摆件加湿器使用调查问卷

您好，我们是心逸家居产品公司，我们正在进行一项关于一种景观摆件加湿器的购买和使用习惯的调查，想邀请您用几分钟时间帮忙填答这份问卷。本问卷实行匿名制，所有数据只用于统计分析， 请您放心填写。题目选项无对错之分，请您按自己的实际情况填写。谢谢您的帮助。

Q1：请问您有购买加湿器的意愿吗？（单选）

○ 是

○ 否

Q2：请问一提到加湿器产品，你首先会想到哪个品牌？

（自由回答，最多写5个答案）

1 _____

2 _____

3 _____

4 _____

5 _____

Q3：在以下加湿器品牌中，您知道哪些？（多选）

☐ 曼可顿   ☐ 桃李   ☐ 元气

☐ 宾堡   ☐ 義利   ☐ 味全

☐ 百万庄园   ☐ 金宏伟   ☐ 米旗

Q4：其中，您购买过哪些品牌的加湿器？（自由回答，最多写5个答案）

1 _____   2 _____

3 _____   4 _____

5 _____

Q5：请问您经常在以下哪些地点购买产品？（各多选）

☐ 连锁超市   ☐ 卖场   ☐ 社区便利店   ☐ 淘宝网店

☐ 京东商城   ☐ 微商

Q6：产品的单次购买数量是多少？（单选或填写答案）

☐ 1个   ☐ 2个   ☐ 3个   ☐ 4个   ☐

Q7：对购买的加湿器，希望搭配美化环境的功能吗？

○ 是

○ 否

图 2-4-1 市场调查问卷设计

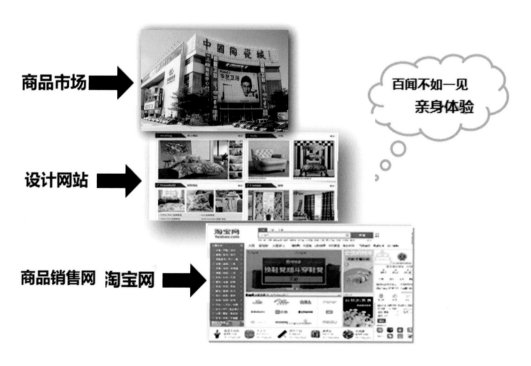

图 2-4-2 市场调研与结果分析

图 2-4-3 色彩趋势调研

图 2-4-4 使用情境调研与分析

■ **设计定位与指导思想**

1）设计定位。根据调研分析的结果，确定研发设计的产品为能在客厅、卧室、电视柜、沙发边、书房、办公室、阳台、阳光房等区域使用的生态景观花艺摆件。此摆件是集养鱼、空气净化、加湿、观赏等多功能一身的产品。

2）设计指导思想。

A. 消除压力与焦虑。室内流水喷泉启动时会发出淙淙的流水声，令人感受到沁入肺腑的清润气息，让人感觉大自然仿佛就在身边。生态景观花艺摆件应起到舒缓工作压力的作用，达到陶冶心情、平缓心灵、享有宁静、令人的身心得到放松的目的。

B. 美化室内环境。生态景观花艺摆件作为装饰性的陈设产品，要具有生机和魅力，改变室内环境呆板、一成不变的单调，利用时尚、个性化的设计语言，为人们营造一个具有现代风情且高尚休闲的理想生活环境。

C. 娱情养性，增添生活情趣。将生态景观花艺摆件摆放于办公室或家中，其中可养鱼，既娱情养性又可增添生活情趣。

D. 消除异味，净化空气。生态景观花艺摆件能够产生大量负离子，消除空气中飘浮的正离子、异味及有害粉尘，吸附二氧化碳和家电释放的电磁辐射，具有调节室内湿度和温度及改善室内空气质量的功能，令室内空气更清新。

E. 掩盖噪声，带来安宁。水声温柔，水滴飞溅，其撞击在容器上所形成的自然韵律，可以消除许多噪声，带来安宁和悠闲的感觉。

F. 风水吉祥，寓意美好。行云流水，石来运转，钱财滚滚来。长流不息的流水增加了生活空间的动感与灵气，加之玄学的运用，一曲流动的音乐，一幅有声的图画，一种回归自然的惬意感觉，让人嘉运备至、福寿流长的美好寓意在产品中得以体现。

■ **设计方案制作**

1）生态景观花艺摆件外观草图方案设计。生态景观花艺摆件的形态造型元素有荷叶、砖石、篱笆、山石，纹理图案采用碎瓷、黄河彩陶、荷叶本身的纹理，通过符号化的造型概念，吸取自然界形成的天然肌理样式，进行系列化设计，如图 2-4-5 所示。

2）生态景观花艺摆件款式设计。如图 2-4-6 所示。

3）设计方案细节。根据外观草图的可行性分析，确定设计方案细节，进行产品外观设计并完善尺寸。如图 2-4-7 所示。

图 2-4-5 生态景观花艺摆件外观草图方案

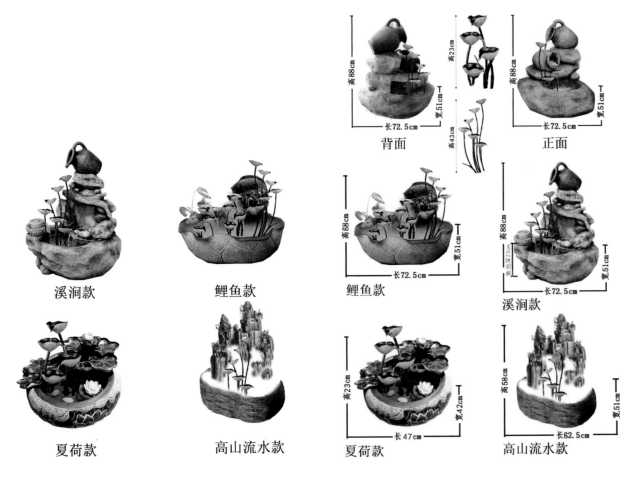

图 2-4-6 生态景观花艺摆件款式设计图　　　图 2-4-7 生态景观花艺摆件设计方案细节图

4）效果呈现。一件产品的诞生，最终都离不开人们的生活，它需要在人们的生活中绽放，由此带给人们不同的心境、不同的生活方式，带给人们不同的心里感受。本案设计的花艺摆件带给人们美的感受的同时，还具有给空气加湿、净化空气的功能。如图2-4-8至图2-4-11所示。

图2-4-8 摆件在客厅应用的效果图

2-4-9 摆件在餐厅应用的效果图

图2-4-10 玄关场景效果图

图2-4-11 书房场景效果图

1.2 装饰摆件产品设计案例——瓶中四季

■ 主题概念

人们的生活离不开美丽的鲜花，而花朵的生命是短暂而柔弱的，因此需要美丽的容器衬托花朵艳丽的绽放。于是，人们开始重视用于盛花的各种容器，精心设计的容器在不同的时间、不同装饰风格的环境中述说着不同的故事。男人、女人，开心、悲伤，稳重、活泼，人们购买的花瓶其实都是他们不同人生、不同心境的反映。花瓶加上各式娇艳的花儿，让四季停留在人们的身边。现在，花瓶除了传统的陶瓷和玻璃材质，还有许多新材料，如塑料、金属。当然，即使是传统材料，聪明的设计师们也能赋予它们新的内涵。

■ 系列产品设计

图2-4-12所示的阿尔托系列花瓶，是阿尔瓦·阿尔托在1936年为芬兰赫尔辛基甘蓝叶餐厅设计的，后来以他的名字命名，采用玻璃材质。随意而有机的波浪曲线轮廓来自芬兰星罗棋布的湖泊，而且由手工制造，每个花瓶的曲线都是独一无二的。

图2-4-12 阿尔托系列花瓶

图 2-4-13 所示为陶花瓶系列。三种不同规格、不同直径的陶花瓶出炉后，风干至与皮革的硬度相当。然后，根据特定的形状，把它们切割成大小不同的圆环，再重新组合成蓝白相间的花瓶，优雅而富有变化。

图 2-4-14 所示的 LIBELLE 花瓶，是 BLOCK 设计的。这个长形丙烯酸花瓶，处处呈现出一种棱角尖锐的阳刚气质，然而在细节上又展示出女性的阴柔，让人联想到维多利亚时期。

图 2-4-13 陶花瓶系列

图 2-4-14 LIBELLE 花瓶

图 2-4-15 所示的 LACE 花瓶，其灵感来自凯瑟琳·玛斯克参观自然博物馆时拍下的蜻蜓照片。厚厚的琉璃花瓶如同媒体，使蜻蜓如展示在放大镜下一般清晰，并且能从不同角度变换出不同形状和姿态，令蜻蜓栩栩如生。

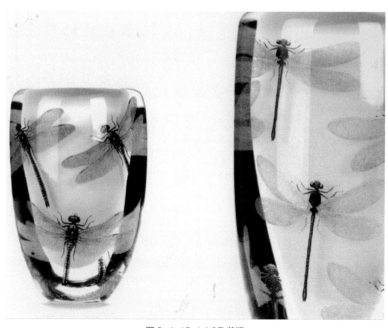

图 2-4-15 LACE 花瓶

1.3 欧式新古典风格家居整体软装配饰设计案例

■ 风格解析

奢华混搭主义的设计风格其实是经过改良的古典主义风格。欧洲文化丰富的艺术底蕴，开放、创新的设计思想及其尊贵的姿容，一直以来颇受众人喜爱与追求。新古典风格从简单到繁杂、从整体到局部，精雕细琢、镶花刻金，都给人一丝不苟的印象，一方面保留了材质、色彩的大致风格，仍然可以很强烈地感受传统的历史痕迹与浑厚的文化底蕴，同时又摒弃了过于复杂的肌理和装饰，简化了线条。

■ 色彩搭配方案

本案的整体色调以浅色调为主，以米黄色作为背景色，白色和棕色作为主体色，浅咖色、绿色、金铜色、红色作为点缀色，层次丰富，色相大体以米黄、咖啡、棕等中性色为主，使得整体色调丰富而不失主次、统一而不单调，再配以绿色和红色为主的花艺和绿植，整体色彩典雅高贵而富有生活气息，如图2-4-17 所示。

图 2-4-17 色彩搭配方案

■ 家具、灯具配饰方案

1）门厅配饰方案。如图 2-4-18 所示。

2）客厅配饰方案。如图 2-4-19 所示。

3）餐厅配饰方案。如图 2-4-20 所示。

4）主卧配饰方案。如图 2-4-21 所示。

5）客房配饰方案。如图 2-4-22 所示。

6）起居室配饰方案。如图 2-4-23 所示。

7）衣帽间配饰方案。如图 2-4-24 所示。

图 2-4-18 门厅配饰方案

2-4-19 客厅配饰方案

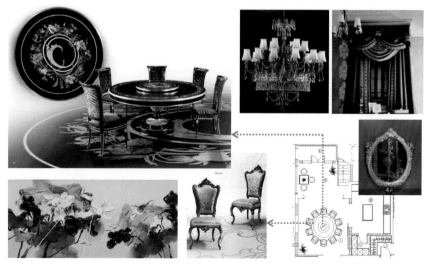

图 2-4-20 餐厅配饰方案

图 2-4-21 主卧配饰方案

图 2-4-22 客房配饰方案

图 2-4-23 起居室配饰方案

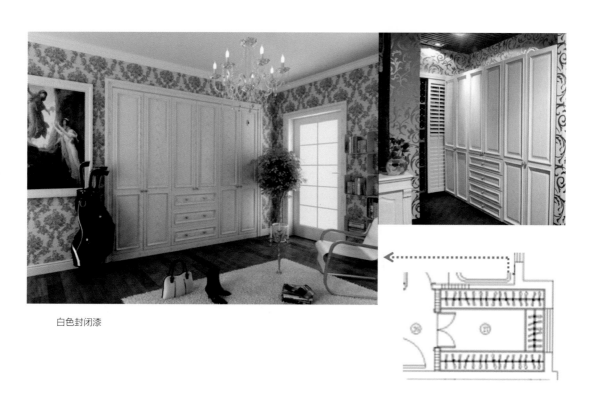

白色封闭漆

图 2-4-24 衣帽间配饰方案

■ 布艺配饰方案

如图 2-4-25 所示。

图 2-4-25 布艺配饰方案

■ 装饰画搭配方案

如图 2-4-26 所示。

图 2-4-26 装饰画搭配方案

■ **装饰品配饰方案**

　　如图 2-4-27 所示。

图 2-4-27 装饰品配饰方案

■ **地毯配饰方案**

　　如图 2-4-28 所示。

图 2-4-28 地毯配饰方案

■ 灯饰配饰方案

如图 2-4-29 所示。

图 2-4-29 灯饰配饰方案

■ 花艺及绿植配饰方案

如图 2-4-30 所示。

图 2-4-30 花艺及绿植配饰方案

1.4 家居产品配套设计案例——青出于蓝

本案例主题是"青出于蓝"，主要对家居空间中客厅、卧室、餐厅的产品做整体配套设计。

■ 配套产品设计提案

1）设计风格。现代简约＋田园风格。

2）设计主题。目前在时尚界，最值得世界顶尖设计师挖掘的元素是中国风元素。江苏南通的蓝印花布是最具地方特色的中国风元素，是我国国家级非物质文化遗产，同时也是我国最耀眼的国际名片之一。青花也是中国风元素的代表。本案例的产品设计围绕"蓝白之魅，创造新蓝"——"青出于蓝"这一主题构思，寓意着当代青年与身俱来的蓬勃朝气，敢想、敢做、敢于实践，用新蓝创造新潮家居。

3）色彩与工艺方案。产品色彩选用最经典的深沉的蓝与纯静的白，简洁明快，质朴中带着雅致。工艺主要采用数码印花、手工绘制、电脑刺绣、编织、拼接、褶裥等，进行组合和变化。

4）面料与花型方案。面料主要采用丝绸、欧根纱、全棉面料；主花型纹样采用原创插画形式表现二十四节气中的立春、秋分和谷雨。

5）配套产品方案。本案例为家居空间产品配套设计，共三组：客厅、卧室、餐厅配套产品。

■ 配套产品设计

1）配套产品整体布局规划。产品大小要与室内空间尺度及动线尺度形成良好的比例关系，产品设计前要对配套产品做一个整体布局规划。家居空间总平面布置如图 2-4-31 所示。

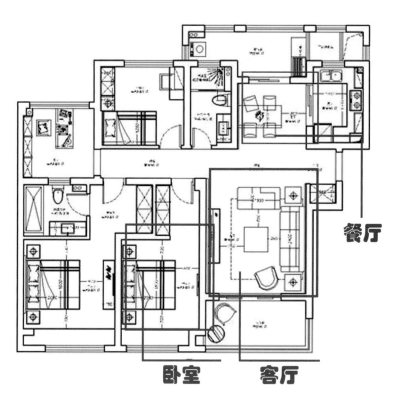

图 2-4-31 家居空间总平面布置图

2）客厅、卧室、餐厅配套产品清单。见表 2-4-1 至表 2-4-3。

表 2-4-1 客厅配套产品清单

序号	产品名称	规格（cm）	备注	产品类别
1	三人沙发	长度185，深度80，坐高35，背高90	1	家具
2	贵妃椅	长度120，深度80，坐高35，背高90	1	
3	单人沙发	长度85，深度80，坐高35，背高90	1	
4	茶几	长90，高45	1	
5	角几	长50，宽50，高60	2	
6	电视柜	长220，宽50，高40	1	
7	桌旗	长220，宽30	1	纺织品
8	靠垫	长50，宽50	8	
9	沙发布艺	门幅250，根据沙发用量裁料	1	
10	窗帘	高260，宽350	1	
11	地毯	高300，宽250	1	
12	台灯	直径35	1	灯具
13	吊灯	直径60	1	
14	落地灯	直径50，白色底座，罩为手绘青花（1只）	1	
15	射灯	10	3	
16	花艺	大：直径24，高45；小：直径18，高40	2	摆件与植物花艺
17	花瓶	大，直径10，高30	2	
18	绿植	直径22，高150	2	
19	壁挂	宽60，长180	1	
20	屏风	宽50，长180（框架3×3）	1×4	

表 2-4-2 卧室配套产品清单

序号	产品名称	规格	产品类别
1	墙布	2m×2.5m（2块），数码印花；0.9m×2m（2块），纯手工扎染	纺织品
2	地垫	1.5m×2.5m（1块），蓝白布拼花	
3	靠垫	0.6m×0.6m（2个），0.45m×0.45m（2个），0.45m×0.3m（1个），纯手工印染、扎染、蜡染、数码印花+电脑刺绣	
4	床单	2.5m×2.5m（1床）	
5	被套	2m×2.3m（1床），数码印花+电脑刺绣	
6	枕套	0.75m×0.45m，飞边枕2只，信封枕2只，电脑刺绣+手工绘制	
7	圆凳套	蓝白线或布条编织（2只）	
8	床头灯	陶瓷底座，罩为手绘青花（1只）	灯具

表 2-4-3 餐厅配套产品清单

序号	产品名称	规格	产品类别
1	餐盘、餐具	4只/每套（4套）	摆件
2	花瓶	大3只、中3只、小3只（9只）	
3	椅靠垫	0.5m×0.5m（4套）	纺织品
4	桌旗	0.38m×1.8m（1块）	
5	地垫	3m×2.5m（1块）	
6	吊灯	直径1.8m×0.3m	灯具

3）配套产品在客厅、卧室、餐厅空间的布局应用草案。如图2-4-32所示。

图2-4-32 卧室空间配套产品布局应用草案（单位：mm）

4）装饰摆件与植物花艺、灯具、家具、纺织品的配套设计。

A. 配套产品平面款式图绘制。图 2-4-33 所示为客厅、卧室、餐厅部分靠垫设计，图 2-4-34 所示为客厅、卧室、餐厅配套纺织品设计（本案例出示了部分设计稿）。

| 40X70靠垫11 | 50X50靠垫2 | 50X50靠垫7 | 50X50靠垫11 | 50X50靠垫14 | 50X50靠垫15 | 50X50靠垫16 |

图 2-4-33 客厅、卧室、餐厅部分靠垫设计（单位：cm）

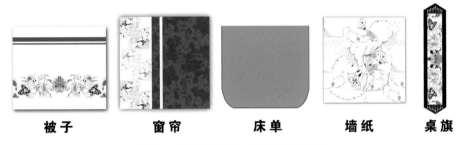

被子　　　**窗帘**　　　**床单**　　　**墙纸**　　　**桌旗**

图 2-4-34 客厅、卧室、餐厅部分纺织品设计

B. 配套产品的应用效果图。图 2-4-35 至图 2-4-37 所示为配套产品在客厅、餐厅、卧室空间的应用效果。

图 2-4-35 客厅应用效果

图 2-4-36 餐厅应用效果   图 2-4-37 卧室应用效果

2. 相关知识点

2.1 家居设计的情感化趋势

跳跃、典雅、活泼、经典的花艺，装饰了空间的生气，激活了空间的生命力。硬装时难以改变的门窗，可采用不同风格、不同质感的窗帘进行装饰，配以精致的法式窗帘杆和流苏吊饰，多层次地丰富空间质感，为空间添加了更多神采。由于硬装品质的缺失和风水格局方面的因素，很多人已放弃对硬装的执着，转向家居软装，实现符合自身地位和品位的家居环境，并与生活方式产生更多互动。

图 2-4-38 所示为具有情感化趋势的家居空间，通过家具、壁纸布艺、窗帘灯饰、装饰摆件等家居配饰品，从整体上缓解了硬装的单薄，提升了整个空间的表现力。

图 2-4-38 具有情感化趋势的家居空间

在当今时代，物质产品极其丰富，生活节奏日益加快，高新技术产品不断涌现。在享受方便与快捷的同时，人们开始变得更关心情感上的需求和精神上的慰藉。情感化设计则如同轻柔的春风，给平静而枯燥的生活带来了新的活力。图 2-4-39 所示为情感化设计的家居空间，它超越了过去对人与物的关系的局限性认知，向关怀和满足人的情感和心理需求方向发展。即在人与技术之间寻找一个平衡点，缓解人们对高科技的恐慌，使人更容易接近高科技产品并从中满足自己的需求。在设计中表达人文思想，满足人的精神需求，关注人类的生活环境和生活方式。然而，情感化设计不是一场设计运动，也不是一种设计流派和风格，它是人类在改造世界过程中始终追求的目标。

情感化设计是一种追随人的设计哲学，它没有确切的开始，更不会有终结。人是有情感的社会群体，现代家居产品设计是深入人心的、关怀生活的人的造物活动。家居产品发展到现在，不再是单纯的物质形态，不能看作是单纯的物的表象，而应看作是与人交流的媒介。

图 2-4-39 情感化设计的家居空间

如图 2-4-40 所示，跳《天鹅湖》的水果盘能为餐桌带来优雅的气氛，而且舞裙之下"春光无限"，因为"舞者"的裙子下面是吃水果用的小叉子。

图 2-4-40 跳《天鹅湖》的水果盘

同一系列的《天鹅湖》擦手巾如图 2-4-41 所示，穿白裙的舞者不再孤单地独舞，墙上有忠实的舞伴——挂钩，等待适当的时机将舞者举起；当你的手不小心弄得脏兮兮时，她会大方地借白裙给你擦拭。这样的设计不仅能让人开怀一笑，也让人静下心来琢磨设计师的奇妙用心。事实上，还有许多精彩设计。它们是那样的怪异，却很容易被消费者接受。虽然它们的体积较小，但设计师们有办法让它们从不安分。

泰国 Progaganda 出品的《天鹅湖》系列还有扫帚和簸箕，如图 2-4-42 所示。跳着美丽的舞蹈做清洁，这样的扫帚和簸箕是不是很出人意料呢？美丽的舞者让令人厌烦的打扫工作变成一种趣味活动，这就是情感化设计的奇妙之处。

每个人在孩提时代都有一个梦想，那就是有一个自己的糖果盒，里面放上五颜六色的糖果，把自己最甜蜜的回忆封存起来，在某个时刻和最亲密的朋友分享。如图 2-4-43 所示的《天鹅湖》糖果罐，就是为了实现这个梦想而诞生的。

图 2-4-41 《天鹅湖》清洁组——擦手巾

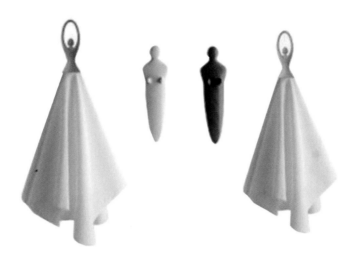

图 2-4-42 《天鹅湖》清洁组——扫帚和簸箕

图 2-4-43 《天鹅湖》——糖果罐

2.2 家居中的陈设品

家居环境中或多或少地有不同种类的陈设品。空间的功能和价值也常常需要通过陈设品体现。因此，陈设品不仅是家居环境中不可分割的一部分，而且对家居环境的影响很大。陈设品的内容极其丰富，不仅包括绘画、书法、雕塑等艺术作品，而且包括植物绿化、灯具、五金配件等。

家居陈设一般分为功能性陈设（实用性陈设）和装饰性陈设（观赏性陈设）。功能性陈设与装饰性陈设的区别并不完全由产品本身决定，更多的是由空间环境布置设计决定。功能性陈设是指具有一定实用价值并兼有观赏性的陈设，如家具、灯具、纺织品、器皿等，它们既是人们日常生活的必需品，具有极强的实用性，又能起到美化空间的作用。

■ 功能性陈设

居室内凡具有实用功能的陈设都属于功能性陈设，大致可分为八类。

1) 家具。家具是室内功能性陈设的主体。客厅、卧室、餐厨、卫浴空间中，作为功能性陈设的主体家具主要有沙发、茶几、电视柜、床、床头柜、挂衣橱、餐桌、椅、酒柜、餐边柜、置物架、吊柜等。

2) 灯具。灯具是室内空间必须具备的陈设品,大致可分为吊灯、吸顶灯、台灯、落地灯和壁灯。选择灯具需要考虑实用性、光色和风格,即灯具的造型、色彩、质感及其与环境的协调。

3) 纺织品。室内陈设纺织品是伴随着社会的发展和科学文化的进步,不断演变而逐渐形成的,是社会文明的标志之一,是艺术与技术结合的产物。常见室内纺织品包括地毯、墙布、织物顶棚、窗帘帷幔、各种家具蒙面材料、坐垫、靠垫、装饰壁挂等。

4) 电器用品。电器用品已成为室内的重要陈设之一,包括电视机、电冰箱、音箱、电话机、计算机等。它们不仅带给人各种信息,而且方便人的生活:不仅有很强的实用功能,而且体现了现代科技的发展,赋予空间时代感。

5) 书籍杂志。居住空间内陈列一些书籍杂志,可使室内增添几分书卷气,也体现出主人的高雅情趣。

6) 生活器皿。生活器皿都属于实用性陈设,如茶具、餐具、咖啡壶、杯、食品盒、花瓶、竹藤编织的盛物篮等。

7) 文化用品。文具用品、乐器和体育运动器械。

8) 其他。化妆品、烟灰缸、画笔、食品、时钟等。

■ 装饰性陈设

装饰性陈设又称观赏性陈设,是指本身没有实用价值而纯粹供观赏的装饰品,主要包括艺术品、工艺品、纪念品、收藏品和观赏性动植物等。如图 2-4-44 所示,在家居空间中陈设植物,可起到柔化空间的作用。为家居配置陈设品时,应从居室主人的爱好和生活习惯入手,通过造型、色彩和艺术风格,紧密结合空间环境的设计内涵和外部形态特征,用软装饰美化家居空间,如图 2-4-45 所示。

图 2-4-44 植物柔化家居空间

图 2-4-45 软装饰美化家居空间

2.3 功能性陈设品的作用

■ 实用

功能性陈设品本身具有较强的功能性,如灯具、开关、花瓶等,它们对完善居室功能有着必不可少的作用。如图 2-4-46 所示。

■组织和引导空间

功能性陈设品中,植物和雕塑等,在美化空间环境的同时,还有一定的引导作用,可以突出重点,引导人流,划分空间。如图 2-4-47 所示。

图 2-4-46 雕塑摆件产品在家居空间的应用　　　　图 2-4-47 植物花艺产品在家居空间的应用

2.4 装饰性陈设品要素设计

■ 色彩

　　陈设品色彩选择，首先应对家居环境色彩进行总体控制、把握，即室内空间几大界面的色彩应统一、协调，但过分的统一又会使空间显得呆板、单调，宜在总体色彩协调统一的基础上适当点缀，真正起到锦上添花的作用。如图 2-4-48 所示。

图 2-4-48 色彩设计

■ **造型与图案**

陈设品造型采用适度对比，是一条可行途径。陈设品的形态千变万化，带给室内空间丰富的视觉效果。如在以直线构成的空间中配置曲线形态或带曲线图案的陈设品，会因形态对比产生生动的气氛，也使空间显得柔和舒适。如图 2-4-49 所示。

图 2-4-49 造型与图案设计

■ **质感**

对陈设品质感的选择，也应从室内整体环境出发，不可杂乱无序。同一空间宜选用质感相同或类似的陈设品以取得统一的效果，尤其是大面积陈设品。也可采用部分陈设品与背景质感形成对比，在统一中显出陈设品材料的本色。需重点突出的陈设品可利用其质感变化达到更丰富的效果。如图 2-4-50 所示。

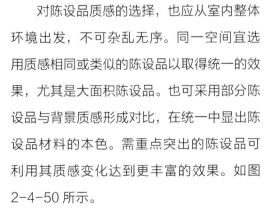

图 2-4-50 质感设计

2.5 家居陈设品布置原则

摆件和绿植花艺等陈设品布置受居室面积、装饰程度及家庭人口等诸多因素的限制。因此，室内陈设品布置应从实际居住状况出发，灵活安排，适当美化点缀，既合理地摆设一些必要的生活设施，又有一定的活动空间。为使居室布置实用美观、完整统一，应遵循以下几点：

■ 色调协调统一，略有对比变化

明显反映室内陈设品的是其色调。对室内陈设的所有器物的色调，都要在整体色彩协调、统一的条件下进行选择。器物色调与室内装饰色调应协调一致。色调统一是主要的，对比变化是次要的。色彩美是在统一中求变化，又在变化中求统一。室内布置总体效果与所陈设的器物和布置手法密切相关，也与器物的造型、特点、尺寸和色彩有关。在现有条件下，具有一定装饰性的朴素大方的总体效果是可以达到的。在总体中还可点缀一些小装饰品，以增强艺术效果。家居产品的选择和布置要与整体环境协调一致。选择装饰性产品要从材质、色彩、造型等多方面考虑，与室内空间的形式、家具的样式相统一，为营造室内主题氛围而服务。如图 2-4-51 所示。

图 2-4-51 利用色调布置

■ 布局完整统一，基调协调一致

家居产品布局，应根据功能要求，必须完整统一，这是产品配套设计的总目标。这种布局体现出协调一致的基调，融汇了居室的客观条件和个人的主观因素（性格、爱好、志趣、职业、习性等），围绕这一原则，合理化地对家居产品的装饰、器物陈设、色调搭配、装饰手法等作出选择。如图 2-4-52 所示，采用布局基调统一、一致的设计手法，使家居空间达到视觉上的均衡。

图 2-4-52 陈设布局统一协调

■ 器物疏密有致，装饰效果适当

摆件和绿植花艺是家居中的主要装饰器物，其所占空间与人的活动空间要配置合理、恰当，使所有器物的陈设在平面布置上格局均衡、疏密相间，而在立面布置上有对比、有呼应，切忌堆积在一起，不分层次和空间。摆件与绿植花艺的布置要主次得当，增加室内空间的层次感。如图 2-4-53 所示，装饰摆件陈列和摆放非常注意主次关系，构成了室内环境的视觉中心，加强了空间的层次感。

图 2-4-53 装饰摆件布置

■ 满足功能要求，力求舒适实用

　　家居陈设品布置是为了满足居室主人的生活需要，体现在居住和休息、做饭与用餐、存放衣物与摆设、学习、阅读、会客及家庭娱乐等诸多方面，而首要的是满足居住与休息的功能要求。如图 2-4-54 所示，家居陈设品创造出一个实用、舒适的室内环境。陈设品选择与布置，不仅能体现一个人的职业特征、性格、爱好及修养、品位，而且是人们表现自我的手段之一。如图 2-4-55 所示，绿植不但能显示出主人的性格及爱好，还能满足功能要求。

图 2-4-54 家居陈设品

图 2-4-55 家居绿植陈设

3. 任务实践与指导

任务一： 装饰摆件与植物花艺在家居空间的配套设计。

任务二： 家居产品整体配套方案设计与制作。

提示：

● 任务一要求完成产品调研及设计提案、产品设计草图、产品款式图、产品细节图（尺寸方案）、产品在空间应用的效果图等内容。

● 任务二要求完成三个部分的内容：方案设计、产品打样、成品展示。

1）方案设计

A. 整体空间设计提案与方案制作。

B. 产品结构工艺图制作。

C. 材料的选择与采购及成本预算。

2）产品打样（选择一个空间的所有产品进行打样）

A. 排料。

B. 裁、切、割。

C. 组装。

3）成品展示

A. 场地：面积、灯光等。

B. 摆放：秩序、虚实、主次等。

C. 产品搭配：质地、对比等。

4. 自测与拓展

1）完整工艺单制作包括哪些方面？

2）家居空间整体配套产品制作方案包括哪些方面？

3）色彩在家居陈设中有什么作用？

4）灯光照明与陈设品的关系是怎样的？

5）形式美法则之一的均衡在家居产品展示中如何体现？

6）简述花艺绿植在家居空间的作用与配套设计技巧。

项目三 家居配套产品手册设计

任务一 家居配套产品手册封面与标准版式设计

【**任务名称**】家居配套产品手册版式设计

【**任务内容**】家居配套产品手册封面与标准版式设计和制作

【**学习目的**】了解产品手册的价值，懂得手册封面与标准版式的设计流程及技巧

【**学习要点**】手册封面与标准版式设计和制作

【**学习难点**】手册封面与版式设计形式美法则的具体运用及设计产品的内在价值体现

【**实训任务**】根据某一风格的家居配套产品进行手册封面与标准版式设计

1. 项目案例：民族风格配套产品手册封面与标准版式设计

1.1 产品手册封面设计

■ 封面文字内容

1）设计主题："遇见波西米亚"。

2）设计者或设计团队：史可、徐辰桢。

3）产品类型：卧室纺织品。

4）设计主题：波西米亚与扎染。

■ 尺寸规格

横式彩页，彩页制作尺寸 366 mm×201 mm（四边各含 3 mm 出血位），彩页成品尺寸 360 mm×195 mm。

■ 精度

300DPI。

■ 色彩模式

CMYK。

■ 成品装帧形式

纸本精装。

1.2 封面图形和色彩设计

■ 配套产品概况

配套产品为波西米亚风格的卧室纺织品，以床品为中心，设计制作了十三套件产品。

■ 色彩来源

如图 3-1-1 所示。

■ 图形来源

如图 3-1-2 所示。

■ 封面效果图绘制

手册封面设计，为突出产品风格、强调产品特色，采用本产品的实物图片进行切割与重构，以反映手册与产品之间直观、明确、视觉冲击力强、易与观者产生共鸣的艺术设计特点，封面字体与图形中点、线、面的设计构成，很好地诠释了产品与产品手册的关系。如图 3-1-3 所示。

1.3 配套产品手册标准版式设计

■ 版式构成草图构思

如图 3-1-4 所示。标准版式的设计，为突出小标题，在页眉的图形构成上，沿用封面的图形，并将其弱化为彩色图案的线条，让设计中的视觉要素在整幅画面中重复出现。可以重复颜色、形状、材质、空间关系、线宽、字体、大小和图片等，这样既能增加条理性，还可加强统一性。

■ 效果图绘制与版式应用

如图 3-1-5 和图 3-1-6 所示。

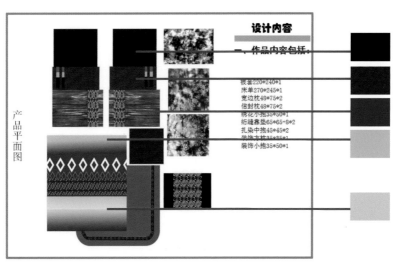

图 3-1-1 色彩来源

图 3-1-2 图形来源

图 3-1-3 手册封面效果图

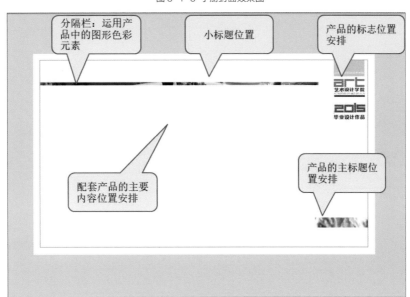

图 3-1-4 标准版式设计构思

设计构思	市场调研	设计说明	设计内容	核算总结	致 谢
一、灵感来源PAGE01—PAGE06二、设计方向PAGE07	一、调查时间与地点PAGE08二、调查目的与内容PAGE09三、调查结论PAGE10	一、设计主题PAGE11二、色彩来源及特征PAGE12三、图案风格特点PAGE13四、设计手绘草图PAGE14—PAGE15	一、作品内容PAGE16二、产品款式工艺单PAGE17—PAGE19三、产品排料图PAGE20—PAGE21四、绣花工艺单PAGE22—PAGE23五、制作流程PAGE24—PAGE27六、绣花PAGE28—31七、缫纺、手工编织及针织PAGE32八、工艺细节PAGE33	一、成本核算PAGE34二、总结PAGE35	致谢PAGE36

图 3-1-5 标准版式设计应用一

图 3-1-6 标准版式设计应用二

2. 相关知识点

手册封面设计与标准版式设计是版式设计的一个部分。版式设计起源于古代城市规划，发展至今，形式与内容都发生了很大变化。现代版式设计的目的，简单地说，就是传达信息，使混乱的内容实现一定秩序，从而流畅地传达给目标受众。

2.1 手册封面设计要点与思路

对产品手册封面进行设计时，首先要明确设计方向能较好地体现出产品的服务特色，并用最直观的形象及视觉化的设计理念较好地体现出产品的内涵。因此，手册封面设计需要十分巧妙的构思，需要在深入了解产品的内涵和风格的基础上进行设计，设计出来的封面应新颖，能够给人较强的震撼力和吸引力，还要与产品的内容相符合。

■ 封面构思过程与方法

1）想象。想象力是构思的基础和起点，也是所有设计的源泉。但想象应以现实世界为基础，并在此基础上进行大胆构思，才能涌现出更多的灵感。灵感也可视为想象与知识积累的结合，因此好的灵感需建立在对产品理解的基础上。如图 3-1-7 所示。

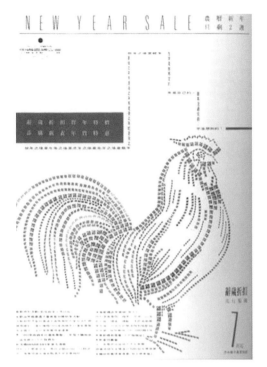

图 3-1-7　利用想象构思手册封面设计

2）舍弃。构思的过程是想象力快速迸发，再在诸多相似的设计方案中删除与主题无关的设计方案的过程。因此，构思时需要思考很多方案，并对每个方案加以推敲和琢磨，挑选出十分满意的设计方案。构思时，应"多做减法少做加法"，也就是说，将构思的各种方案进行有效组合而尽量多地减少方案，与主题关系不大的内容和细节要删除。

3）象征。象征是艺术表现中最常用的手法之一，它能将各种抽象和难以理解的概念或意境巧妙表达或展现出来，使人容易理解和接受。

4）探索创新。探索和创新也是设计中常用的表现手法，它们推动艺术不断地向前发展，逐步提升人们对美的理解和感受。探索和创新就是勇于打破俗套的设计模式，在对常用构思方式深入了解的基础上，对设计内容进行大胆创新。

■ 封面文字设计

封面文字，除书名外，一般都采用印刷体。此处对各种书名的字体做简要介绍。通常而言，书名的字体主要包括书法体、美术体及印刷体三种。

1）书法体。书法体是最具变幻特色的字体，在书写过程中能够产生无穷无尽的变化，并能体现出较强的民族特色和强烈的艺术感染力。书法体通常出自社会知名人士，具有较强的名人效应，深受广大人民的喜爱。

2）美术体。美术体分为规则美术体和不规则美术体两种。规则美术体是美术体的主流字体，主要强调美术体的外形规整和笔画的统一变化，便于人们阅读和理解，但设计形式较为呆板，缺乏活力。不规则美术体与规则美术体存在较大的差异，不规则美术体注重字体的自由变形，字体外形和笔画构成都追求不规则的变化，具有较强的变化特点，能够有效彰显字体的个性特征，因此具有适应性强和装饰效果好的特点。

3）印刷体。印刷体是延续了美术体的诸多特点发展而来的。早期的印刷体较为呆板和僵化。近年来，对印刷体进行大胆创新和尝试，积极吸取美术体的变化特点，极大地丰富了印刷体的艺术特色，并且借助电脑技术，印刷体的表现手法获得大幅创新，弥补了印刷体个性不足的缺点。

部分国内书刊在封面设计时通常将中英文书刊名有效组合，形成十分独特的封面效果。如《世界知识画报》使用"世界"的英文单词"World"的首字母"W"和中文刊名相结合，形成独具特色的封面设计。另外，在设计时不局限于使用一种字体和颜色及字号，可以使用多种不同的颜色和字体及字号，使封面设计更加富有特色。如《风流一代》的刊名由印刷体和书法体巧妙结合而成，形成较强的对比效果。再如《恋爱婚姻家庭》的刊名采用两种不同大小的字号及两种不同色彩的字体颜色，形成字体相互嵌套的效果，具有较强的层次感，能够有效吸引读者的关注和注意。如图 3-1-8 所示。

图 3-1-8 部分杂志封面

■ 封面图片设计

封面图片设计要明确、直观，达到较强的视觉冲击力，能够使读者产生较强的震撼力和关注度，并使图片与读者产生共鸣。因此，封面图片色彩要丰富。通常，封面内容以人物、动物、植物、自然风光为主。

图片设计是产品手册封面设计中十分重要的环节。图片的视觉冲击力比文字强 85%，容易形成视觉中心，所以图片设计尤为重要。并不是非语言成分的内容会使表达能力大幅降低，而是图片的视觉效果能起到辅助和加深文字表达作用，使读者对文字内容的理解更加透彻和深入。如图 3-1-9 所示。

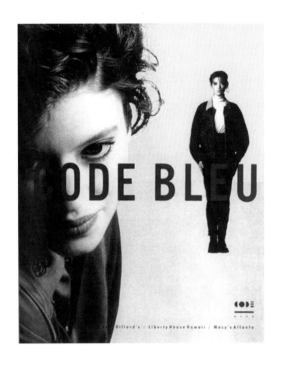

图 3-1-9 书籍封面的图片设计

■ 封面色彩设计

封面设计时，色彩处理是十分重要且关键的环节。良好的色彩处理手法能够使读者观看和浏览封面时产生较深刻的印象和较强的共鸣感。因此，封面设计时，需要结合书籍内容进行色彩搭配，通过不同的色彩搭配和对比体现书籍内容所要表达和阐述的思想。通过色彩的搭配与组合，形成相互统一协调的效果。封面书名的色彩设计要与封面图案设计相匹配，书名色彩设计不能太暗淡，否则会让读者对封面图案印象深刻而忽略书名，达不到深刻记忆书名的良好效果。除此之外，对书籍封面进行设计时，除了运用绘画色彩，还可使用装饰性色彩加以点缀和修饰，但需要注意使用场合，如文艺书封面的色彩设计模式不适用于教科书，教科书的封面设计模式不适用于儿童读物。

通常来讲，幼儿刊物的封面色彩设计，要充分考虑到幼儿单纯和天真可爱及稚嫩的特点，应选择较为单一的色调，尽量较少多种色彩的对比搭配，让幼儿容易理解和接受封面内容，封面色彩还要充满柔和气息；女性书刊的封面色彩设计，要体现出女性的柔美特色，尽量选用温柔典雅的色彩；体育杂志的封面色彩设计，要尽量使用较多的对比色，突出色彩的冲击力，能够给读者强烈的震撼效果；艺术类杂志的封面色彩设计，要具有较强的内涵，切勿使用轻浮的色彩；科普类书籍的封面色彩设计应选用能够表现科学神秘的色彩，激发读者深度探索的兴趣；时装杂志的封面色彩设计要能体现出较强的个性特点，并且符合当今审美需求；专业性学术杂志的封面色彩设计应选用庄重和高雅的色彩，不应使用纯度较高的色彩。

进行书籍封面色彩设计时，除了注重色彩的协调搭配，还要注重色彩之间的对比关系，如色彩的色相、纯度及明度等要素之间的对比，使封面色彩形成良好的冷暖对比，让读者感觉封面设计充满活力。书籍封面色彩设计时还需注重色彩的明度搭配比例，较低明度的色调会使读者感觉沉闷，减少继续浏览书籍的兴趣。封面色彩设计时也要注重色彩纯度的运用，较强纯度的色彩会使读者感觉呆板和守旧，缺乏新颖性。因此，对书籍封面色彩进行设计时，要充分掌握明度、纯度和色相之间的搭配比例关系，通过三者的巧妙结合，达到理想的设计效果。如图 3-1-10 所示。

图 3-1-10 书籍封面的色彩设计

3.2 标准版式设计形式与设计技巧

■网格型版式设计

　　文字在版式设计中是不可或缺的。版式设计时文字排列方式十分重要，文字排列通常与网格同步进行，不同的字体在版式设计中都能达到十分良好的效果。通过网格系统对文字进行巧妙编排，使文字不会影响版式设计的整体比例，设计更加富有艺术特点。有人觉得用网格系统排版过于整体化，希望能够打破版式上的和谐，制造出凌乱美。应巧妙使用网格型系统，如果缺少网格系统，要把大部分文字排版到版式中是一件很困难的事情。因而，对于一般的设计者，网格系统是绝对不能缺少的。

　　1）方法一。按比例关系创建网格，如图 3-1- 11 所示。

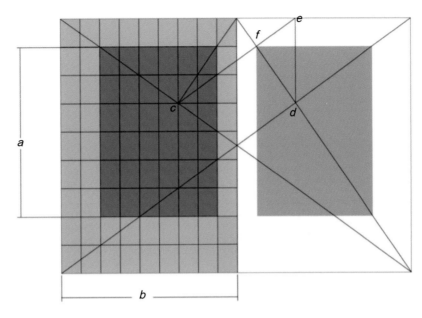

图 3-1-11 比例关系创建网格

图 3-1-11 所示建立在 2:3 的长宽比例上。版心高度 a 应与页面宽度 b 相匹配，装订线和顶部之间应保持整个页面的 1/9 留白区域，内缘留白的比例应为外缘留白的 1/2 左右。跨页的两条对角线能够相交于中心，与两个页面间产生定位点而构建网格，然后按照网格的定位编排进行版式设计。

2）方法二。斐波那契数列比例法建立网格。斐波那契数列又称黄金分割数列，每个数字都是前两个数字之和，如 1、3、5、8、13…… 如图 3-1-12 所示。

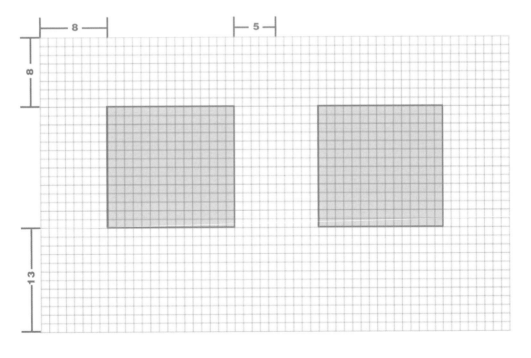

图 3-1-12 斐波那契数列比例法建立网格

将斐波那契数列应用于页面分割，图 3-1-12 所示由 34x56 个单元格组成，内边缘留白 5 个单元格，外边缘留白 8 个单元格，底部边缘留白 13 个单元格。以这种方式确定图文的比例关系，能够获得和谐连贯的视觉效果。

3）方法三：合理分栏。

网格设计将构成主义和秩序的概念引入设计中，使设计元素即文字、图片及点、线、面之间达到协调一致。在版式设计中，把页面分为一栏、二栏、三栏或者更多的栏，将文字、图片等元素编入其中，形成有节奏的组合，给人视觉上的美感。如图 3-1-13 所示。

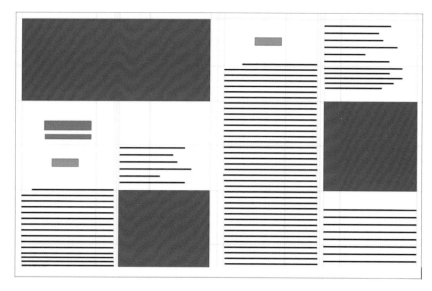

图 3-1-13 合理分栏

■ **网格编排的类型**

在版式设计中，一般将网格编排方式分为对称式和非对称式。

1）对称式网格编排。对称式网格编排是相对于对页或左右两个页面而言的，左右两页具有相同的页边距、网格数量、版面安排等。如图 3-1-14 所示。

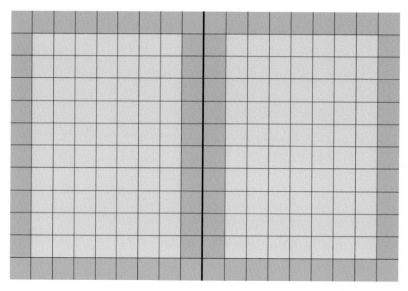

图 3-1-14 对称式网格编排

对称式网格编排的主要作用是组织信息和平衡左右页面，根据栏的位置和版式的宽度，左右两边的结构完全相同，页面中的网格可以进行合并和拆分。但也存在不足之处，如字号变化不大，整个版面缺乏活力，显得过于单调。对称式网格编排分为四种形式：单栏对称网格、双栏对称网格、均衡双栏对称网格、多栏对称网格。

A. 单栏对称网格。在单栏对称网格的版面中，左右页面的文字一栏式排放，画面规则整齐。因此，单栏对称网格多用于纯文字类书籍，如小说、诗集、文学著作等。也可在页面中加入适当的图片，缓解画面的枯燥感。由于较多的文字编排会显得过于单调，容易使人产生阅读疲劳，一般情况下，每行文字不超过60个，并且要留有一定的空白，使页面呈现出疏密有致的节奏感。如图 3-1-15 所示。

图 3-1-15 单栏对称

B. 双栏对称网格。这种网格结构可以更好地平衡画面，使阅读更流畅。双栏对称网格多适用于文学类书籍、杂志内页，也可使用左边放置文字、右边放置图片的方法将版面进行重新划分，增强画面的变化。如图 3-1-16 所示。

图 3-1-16 双栏对称

C.均衡双栏对称网格。均衡双栏对称网格可以根据内容调整双栏的宽度，达到一种视觉均衡。如图3-1-17 所示。

图 3-1-17 均衡双栏对称

D.多栏对称网格。多栏对称网格是指除了单栏编排方式外，根据页面的需要，分为三栏网格、四栏网格，甚至更多栏的网格。采用多栏对称网格进行编排，可以使版式更加规则整齐，呈现出丰富多彩的效果，多适用于目录、数据等文字信息较多的页面，也可根据实际内容增加或减少栏数。如图 3-1-18 所示。

图 3-1-18 多栏对称

2) 非对称式网格编排。非对称式网格编排通常指左右页面有基本相同的网格栏数，但页面相关元素呈现不对称状态。相对于对称式网格，这样编排更具有灵活多变性，整体效果更加活跃、有生气，多用于杂志或书籍。还可根据页面的不同需要，在多栏网格上进行文字的大小比例调整，使页面效果更灵活，富有变化，更能吸引读者的视线。如图 3-1-19 所示。

图 3-1-19 非对称式网格编排

■ 自由版式设计的特点

随着社会经济的快速发展和电脑技术的快速普及，自由版式设计在全世界范围内逐渐流行并受到人们较多关注和重视，逐渐成为席卷全球的新型设计潮流。美国人戴维·卡森是积极倡导和推行自由版式设计理念的设计师，他对原有的字体和书法规律进行大胆创新，提升了人们对版式设计的认知和理解，极大地丰富了传统版式设计的内涵，并与电脑技术相结合，开启了新时代的自由版式设计理念。

自由版式设计按字面理解应为无限制的设计，通过版式的巧妙编排和设计，打破传统的排列组合方式，进行大胆的创新和尝试。自由版式设计是新型的设计理念，突破了古典传统设计与网格设计，是具有前卫意识和引领潮流的设计理念。

1）版心无疆界性。自由版式设计从诞生之日起就充满神奇特点。自由版式设计与传统的古典版式设计不同，又与网格设计的条块分割理念差异较大。它是依据设计的内容和文字及图案随心创作，版心无固定疆界，打破了传统页面天头、地脚、内外白边的局限。因此，设计时对空间、图片和文字的要求没有具体的规定，只要符合审美要求，并且没有限制的设计理念能够更好地运用页面边缘部分，使读者观看和浏览时产生较多的联想，能够使设计出来的作品具有较强的个性和独特性。通常而言，平面作品在无限制设计后能够产生较多变化，使读者产生较强的想象空间。但自由版式设计的无限制设计并不是漫无目的地乱涂乱画，而是依照自身规律和色彩及视觉感受的相关原则进行设计，也要考虑线条、色彩、肌理及光线、空间等因素的搭配。

2）字图一体性。依据自由版式设计的特点，字体设计应成为图形设计的一部分，即通常所说的字体图形设计理念。在书籍封面设计中，常使用留白的方式让读者产生丰富的联想，并且设计人员常把设计作品当作绘画作品并完成设计。封面设计时，每个字体和每个符号都成为作品的一部分，同时应充分考虑书籍的内容及韵味等方面，可采用虚实结合的方法，使字体和图案巧妙融合在一起，并产生较强的关联效果。除此之外，对封面字体进行设计时还应注重字体与图案的叠加和重合，形成相互嵌套的视觉效果，增加平面设计的空间厚度与层次。如图 3-1-20 所示。

图 3-1-20 字图一体

3）解构性。解构性是自由版式设计中最重要的特性之一。解构主要指对原有传统和古典的排版理念进行全面支解和破坏，并通过点、线、面等元素的重新组合与搭配，形成新的版式设计理念。因此，解构性可以理解为对原有设计理念和设计方法的大胆重组和创新，探索深层且符合现代人审美需求的设计方法。解构性拥有较清晰和明确的设计思路和秩序，能够将设计理念与设计要求较好地结合。

自由版式设计积极提倡打破原有保守的设计思维和设计理念，对传统设计理念详细剖析的同时，吸取传统设计理念的精髓，使书籍封面设计朝多元化方向发展。由此看来，自由版式设计的解构性不是孤立或凭空产生的，而是随着人们的审美观和哲学思潮的快速发展而逐渐形成的。戴维·卡森原先不是平面设计师，而是对社会有较多研究的专家。版式设计是戴维·卡森对人类心理研究的一个科研项目，在研究人类心理的同时将传统的编排设计理念打破和重组，并进行大胆创新和设计。后来，戴维·卡森发现他的设计理念和方法逐渐受到很多年轻人的关注和接受，便加大解构性设计的研究，并使得自身的设计得到快速的发展，成为引领设计界发展的重要力量。

4）局部不可读性。设计的最高境界应是功能与形式的完美结合。所有设计者都努力追求功能美与形式美的统一。自由版式设计也是如此。自由版式设计中，除了容易识别的部分，还包括一些难以识别的部分，使得自由版式设计逐步丧失部分功能美。"容易识别"部分主要指设计者在设计过程中认为读者便于理解和记忆的内容，主要包括字体的字号大小和色彩清晰度等信息。"难以识别"部分主要侧重于版式编排的需求，认为读者无需深入了解的内容。因此，常将字号进行缩小和虚化处理，或者使用电脑设计软件辅助处理。通过卡森的设计作品，能够明显看出，卡森的版式设计常将字体进行虚化处理，并且将字体进行旋转重叠，使设计内容具有较高的难以识别性。人们在阅读杂志时无法做到仔细阅读和品味，能够接受容易识别部分的信息足矣，而难以识别部分的内容只能起装饰作用。如图 3-1-21 所示。

图 3-1-21 局部不可读性

5）字体多变性。版式的创新设计离不开字体的创新设计，古典版式设计和现代网格设计都是如此。自由版式设计对字体的要求更多，需要拥有较强的现代字体设计理念，才能较好地满足版式设计的相关需求，并且字体具有较多的变化特征，不同时期有不同的字体设计理念和方法。西方国家以拉丁文为主，因此拉丁文的字体设计形式十分庞大；中文以方框字为主，与拉丁文字体设计相比明显不足。自由版式设计的字体多变性能够给版式带来源源不断的新鲜感，还能较好地满足时代审美特点，如图 3-1-22 所示。字体在印刷体时代难以较好地体现出多变性，因为当时的社会生产力和技术较差，难以满足字体多变的需求。高速发展的科技为字体的多变创造了快速发展的空间，使得设计内容更加丰富多彩。如果在快速发展的当代依然采用较传统的呆板的字体形态，会使读者感到厌倦和失望。

图 3-1-22 字体多变性

总之，现代平面设计追求商业性和实用性等特点，进行自由版式设计时不能完全排斥功能、成本和价格等因素的考虑。西方发达国家拥有较强大的经济实力，各个企业在追逐利润的同时，对平面设计的成本支出也十分重视。企业在努力提升产品质量和性能的同时，让设计师充分发挥创造力和想象力，设计出更多符合人们审美需求的产品。由于中国的社会经济发展时间相对较短，经济实力和审美意识与西方发达国家之间存有一定的差距，因此自由版式设计的发展范围相对有限，无法全面推广和使用。但应看到，中国在积极改革开放的同时，不断地吸取西方发达国家较先进的设计理念，以满足国际交流的需求。因此，国内设计者进行设计时，需较多地运用和结合自由版式设计理念，在努力发展经济的同时要注重精神生活的享受，体现出每个设计师的个性特点。如图 3-1-23 所示。

图 3-1-23 自由版式创意设计

3. 任务实践与指导

任务： 根据某一风格的家居配套产品进行手册封面与标准版式设计。

提示： 可以根据配套产品的主题风格，提取最直观的产品设计元素，进行手册封面与标准版式中字体、颜色、形状、空间等设计，注意文字与文字、文字与图形、整体与局部的构成关系。具体设计方法与内容可参考项目案例。

4. 自测与拓展

1）家居配套产品手册封面设计的要点是什么？

2）家居配套产品手册标准版式设计形式与设计技巧有哪些？

任务二 家居配套产品手册编排设计

【任务名称】家居配套产品手册编排

【任务内容】家居配套产品手册编排设计与制作

【学习目的】了解产品手册的价值，懂得手册编排设计技巧，掌握手册编排流程

【学习要点】产品手册设计与编排

【学习难点】手册编排形式美法则的具体运用与配套产品的内在价值体现

【实训任务】根据某一风格的家居配套产品进行手册编排设计

1. 项目案例：儿童系列家居配套产品手册编排设计

1.1 产品手册封面设计

■ 设计主题

"土豆豆丁"儿童系列家居配套产品设计。

■ 设计者或设计团队

乔锐、朱怡、殷胜婕等。

■ 设计内容

品牌全案设计。

■ 主题风格

儿童家纺品牌。

1.2 尺寸规格

横式彩页，彩页制作尺寸 366 mm×201 mm(四边各含 3 mm 出血位)，彩页成品尺寸 360 mm×195 mm。

■ 精度

300DPI。

■ 色彩模式

CMYK。

■ 成品装帧形式

纸本精装。

1.2 手册编排设计

■ 项目概况

图 3-2-1 所示为"土豆豆丁"儿童系列家居配套产品项目概况。

图 3-2-1 "土豆豆丁"儿童系列家居配套产品项目概况

■ **封面、封底设计**

如图 3-2-2 所示。

图 3-2-2 封面、封底设计

■ 扉页设计

如图 3-2-3 所示。

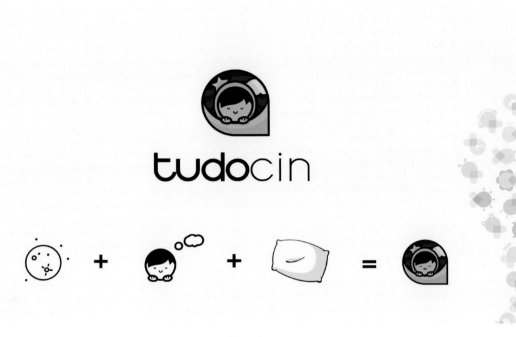

图 3-2-3 扉页设计

■ 目录页设计

如图 3-2-4 所示。

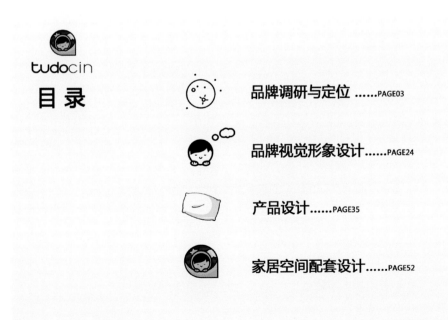

图 3-2-4 目录页设计

■ 序言页设计

如图 3-2-5 所示。

序言

家纺产业又叫装饰用纺织品业，它与服装用纺织品业、产业用纺织品业共同构成纺织业的整体范畴。家用纺织品属于家居装饰中主要的"软装饰"品种，它涵盖了"巾、床、厨、帘、艺、毯、帕、线、袋、绒"等产品，在现代家居中的作用越来越重要。

新时代的家用纺织品行业已经是一个全新的概念，从过去侧重实用功能，逐渐向装饰、美化、保健、文化等多功能方向发展。从发达国家的数据来看，家用纺织品和服装、产业用纺织品的消费比例三分天下。相形之下，我国目前家用纺织品的消费性支出仅仅在7%左右，70%以上的消费支出属于服装产业，近十倍的悬殊比例显示出我国家纺市场尚有巨大的挖潜空间。

同时，我国家纺产业存在的一些硬伤也在发展中日益凸显，例如：整体设计能力较弱，没有形成知名品牌效应，等等。这些与中国服装产业的状况有着极为相似之处，同样也抑制了中国家纺产业进一步的发展以及在国际市场上的竞争力……

图 3-2-5 序言页设计

■ 正文、辅文、页码与书眉设计

如图 3-2-6 所示。

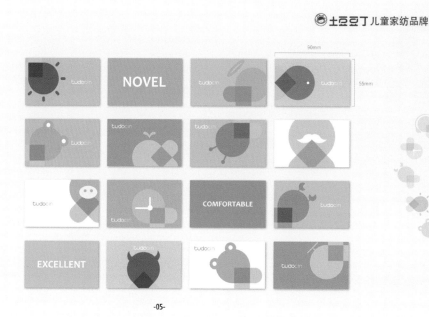

设计说明：

简洁的图形设计可以营造通透、明亮、宽敞之感，因此一直受到人们青睐。图案上用圆形、格纹、方块等形状，错落有致地排列组合，营造出家庭生活闲适的心情；简约的几何纹样在适当空间内被恰当地处理，大小不同的圆形和具有张力的弧线互动，营造出生动活泼、轻松愉悦的格调，这符合轻松生活的理念。特别是块状、醒目图案、经典简约的图形进行改良重生，极简的细节、色彩的注入使之更为新颖、有调性。

图 3-2-6 正文、辅文、页码与书眉设计

2. 相关知识点

2.1 手册编排设计的基本原则

平面设计中，版式设计是十分重要的部分和环节。版式设计也是视觉传递的重要方法和手段，合理的版式设计能够实现设计艺术与理念的较好结合，也能使事物内容和方法完美展现出来。因此，版式设计是每个设计师必须掌握的基本设计技能。

版式设计主要是指在平面设计中，将有限的视觉元素有机排列与组合，并通过理性的思维方式，较好地展现出设计师的个性化情感。因此，版式设计是一种具有较高艺术特色的视觉传达方式，在传递基本信息的同时提升感官的美感享受。

从版式设计要素来看，版式设计可分为四个方面，主要包括简单易读的文字、直观醒目的图片、工整美观的排版、清晰明了的配色。

■ 简单易读的文字

文字可视为人类社会缓慢发展进程中知识与智慧的结晶。因此，文字首先应具备书写的方便性，然后逐步提升使用的频率，并经过反复的优化和调整，最终形成固定的形态，在此基础上才能逐渐形成对美的追求。但文字在发展过程中也会出现形态的变化，因为文字具有较强的信息特征，在现代社会文字书写需求逐渐减弱的情况下，文字应具有较强的易读性。这对文字的大小即字号及文字的行列间距等要素提出了较高要求。如图 3-2-8 所示。

图 3-2-8 简单易读的文字编排设计

文字编排设计原则有以下四点：

1）字体、字号、字距和行距。汉字字体繁多，不同的字体具有不同的性格，适用于不同的场所。一般来说，笔画粗细一致的黑体，辨识度较高。过度装饰的文字，不利于快速准确的阅读。字号没有统一规定，视使用环境而定，很显然，户外广告的字号应该比宣传彩页的大一些。如果文字过小，影响读者阅读，这肯定不可行。至于字距和行距，也视具体情况而定，但两者之间存在一定的比例关系，通常来讲，行距要大于3倍字距，否则，阅读过程中，读者的视线可能会转移到旁边的内容上，造成干扰。

2）控制每行或者每列的字数。依据相关机构所做的人机工程学研究成果，在文字横排的情况下，每行不应超过26个字，否则读者可能会忘记开头的字，换行就是基于这种考虑而采取的方法。同样地，文字竖排时，每列不应超过41个字。

3）合适的突跳率。突跳率是指标题与正文字号的比例关系。常规情况下，标题字号大于正文字号，这样做的好处是标题比较醒目，提高突跳率能够增加画面的吸引力并使画面显得更生动。但不是说突跳率越高越好，需要控制在一定范围内。如图3-2-9所示。

图3-2-9 合适的突跳率

4）对齐。文字排版时应注重对齐功能，如果文字排布较混乱，会大幅增加阅读难度和负担，极大地降低读者的阅读兴趣。

■ 直观醒目的图片

图片主要指除去文字之外的照片或计算机图形软件生成的图片或手绘图。在版式设计中，图片应直观且醒目。

直观醒目的图片处理原则有以下三点：

1）所有图片要有注解。人们观看物体时，每个人都有自身的观看视角和观看习惯，它们是长期的生活经验积累。人们会根据物体的形状和特性进行联想和判断，并对物体进行识别和确认。当人们观看难以识别的物体时，会与类似接近的物体相比对，并与自己生活经验积累的信息相比较，如果发现该物体不是自己需要的物体时，会停止分析和研究，转向其他物体。对于有兴趣的物体，人们才会加大关注的兴趣，产生共鸣。由此可以看出人们的观看角度与生活经验息息相关。

2）图片需要合适的裁剪。图片裁剪最重要的一点，就是在一开始就确定自己要达到的目的，是传达整体印象还是要突出局部重点。假设有一幅人物照，用全身照比较好，还是用半身特写比较好？这需要根据信息的内容和画面的整体效果决定。

3）合理利用留白。留白的功能是通过页面内容使读者感受到心理上的舒适。如果画面上布满文字和图片，会让人感觉不舒服，从而丧失阅读兴趣，类似密集恐惧症。留白可以使画面产生整体的平衡，消除不适感。如图 3-2-10 所示。

图 3-2-10 虚实留白

■ 工整美观的排版

得体美观的页面设计不仅能吸引人们的广泛关注，还能达到使人保持清醒头脑并且提升注意力的良好效果，并使人产生较为深刻的印象。因此，在版式设计中要注重文字与图片素材的排版工整性，排版时应具备工整和美观等特点。如图 3-2-11 所示。

图 3-2-11 工整美观的排版

工整美观的排版处理原则有以下五点：

1）良好的排版可以高效率地阅读。这一条是最重要的一条。首先，要合理地分段处理，没有做分段处理的一大段文字，很难引起读者的阅读兴趣。其次，做分段处理后，每个分段都加上小标题，方便读者快速检索最感兴趣的内容。最后，要有便于记忆的要点，结论性的观点应做字体加粗等处理，以适应网络阅读时代读者的快速阅读习惯。

2）能给读者带来刺激。读者阅读的初衷之一，就是从读物中获得刺激。版式设计就是在缺乏"客户所追求刺激"的情况下，想办法将对象凸显出来的工作。过于中庸的排版，会产生诱眠效果。诱眠效果会让读者感觉很舒服，这毋庸置疑，但诱眠效果会让读者印象或者记忆不深刻，失去要达到的阅读目标。获取刺激的方法之一，就是使整个排版保持平衡，平衡会产生紧张感，有紧张感的部分会产生视觉冲击力，视觉冲击力可以打动人心。

3）寻找页面中的关键点。画面中必须有"点"，通常在"点"的位置安放醒目的字图。排版时要考虑这些"点"。所谓"点就是最重要的位置，是画面中的关键之处"。如图 3-2-12 所示。

4）将页面处理成三个部分。在一个画面中插入的"部分"越多，对于读者来说则越难阅读。尽量以三个"部分"分组切分文章的标准进行排版。如果有四处，就需要舍弃一处。

5）通过图片和文字将读者引向目标。版式设计包含一种目的，即希望人们读过之后能有所反应。通过图片和文字将读者引向目标，如果目的不明确，则无法进行版式设计。

图 3-2-12 页面中的关键点

■清晰明了的配色

版式设计中，配色的主要作用是渲染大的氛围，其基本要求是清晰、明了。清晰明了的配色处理原则有以下四点：

1）色调调和。色调调和主要是指将不同的颜色通过一定的比例相互交叠，并使用相同色系的色彩搭配，产生良好的视觉效果。如果色调较丰富，会使画面信息较多，难以有效集中读者的注意力和关注度。因此，色调调和可采用"狂欢节"的效果，拓展色调的使用范围。当需要准确传递信息内容时，可将色调较好地统一，通过巧妙的配色比例将信息完整明确地传递给读者，并使页面产生十分有序的自然美感。如图 3-2-13 所示。

图 3-2-13 色调调和

2）基础色。基础色又称为基调色，主要指构成画面基本效果的颜色，也指画面背景的主颜色。配色设计时，首先要明确设计的基础色，然后在此基础上进行配色，其主体色调就是常说的基调色。确定了基础色，才能较好地控制整个画面的整体颜色效果。如蓝色为基础色时会产生放松和理性等效果，白色基础色会使人联想到空旷和纯净，而且白色是圣洁的象征。色彩的联想、通感都是通过基础色完成的。

3）对比。对比主要指相邻颜色之间的强烈对比关系，如黑色和白色搭配就能产生强烈的对比效果。如果色彩明度、色相及饱和度相差较大，通过相邻色彩的色相和饱和度及明度的搭配，能够使色彩发生丰富的变化，并使读者感受到强烈的刺激和兴奋感，能够在强烈的对比过程中吸收较多的信息。但如果颜色对比过于强烈，会使读者产生视觉疲劳，不愿继续观看，无法达到吸引读者关注的良好效果。

4）强调色。使用统一的色系构图时，会产生非常强烈的颜色效果，也会使画面较统一并产生独特的美感。但是，同一色系的色彩会使其他配色不足或缺乏。比如暖色调可表现出温暖和热情的感觉，但会使画面氛围陷入沉静。可适当加入与整体配色色调形成对比关系的冷色调，使画面配色灵活多样。与主色调形成强烈对比的色调就是强调色，但强调色不是画面的主要颜色，只是在画面整体配色中占一定比例。如图 3-2-14 所示。

图 3-2-14 强调色

2.2 手册制作注意事项与设计流程

■ 手册制作注意事项

1）手册封面设计对图文的复杂性设计要求较高，并要求图片设计能够突出重点。针对页数较多的手册进行封面设计时，要有整体的构图思维，并使封面设计和内容较好地结合，形成封面与内容的连贯和整体性。手册内容与封面统一、呼应。

2）家居配套产品手册的色彩设计应注意整体的统一性。设计时从整体出发，注重色彩之间的搭配与协调，满足主题基本色调的要求，对色彩的明度和纯度及色相饱和度等较好地把握，依据家居配套产品的特色，使读者通过阅读手册就能对产品形成较强的整体印象，并能深入理解产品内容。

3）家居配套产品手册设计应注重内容的精炼性。如果手册内容较多，能够详细展示产品信息，但会增加读者的阅读负担。因此，家居配套产品手册设计时应充分考虑相关人员的具体情况，将产品内容适当地压缩和提炼，形成简单的手册，在有限的空间内展示更多内容，同时确保手册的整体美观性，因此对设计师的设计能力提出了较高的要求。

4）手册成册的三个大环节。一本优秀的产品手册从策划到印刷成册要经历三个大环节：采编、设计、制版印刷。采编实际上是一个比较笼统的说法，它包括策划、图片采集、资料汇总等工作。设计是与设计师关系最密切的环节。文字和图片等元素经过设计师的编辑后，再回到编辑部门进行校对，最后确定排版。定稿与印刷前要反复与客户沟通、交流，不断进行完善。

■ 手册设计流程

1）资料信息采集。将有关手册的全部信息资料如图片、文字等数据采集准备充分。

2）市场调研。了解市场上同类型手册的设计特点、装帧形式与风格，吸取有益营养，初步确定手册的成本、销售对象、纸张材料类型。

3）构思创意。根据产品的相关信息资料进行创意定位，初步确定手册的设计风格与版面、开本、字体等元素。

4）进入设计程序。将前期准备的文字和图片等元素进行编辑、处理，并确定其在页面中的位置。

5）打印样页。将样页打印出来，听取客户反馈意见。

6）修改完善样页。根据样页进行修改完善，再进行定版设计，交编辑部门进行文字校对。

7）封面、封底、扉页、目录页设计。设计封面、封底、扉页、目录页等，并校正大样，与客户沟通并修改、完善。

8）签署方案确认表。当客户对修改方案确认后，签署方案确认表。

9）出片、印刷。与印刷部门联系，进行出片、印刷。

以上是产品手册装帧设计的一般流程，可能会因客观条件不同而略有变化。

2.3 手册编排技巧

手册排版设计有什么技巧呢？具体有以下七个方面：

■ 确定网格

多页面的版式设计，需要确保所有页面的版式设计保持一致。这看似有些复杂和繁琐，但如果掌握了方法和技巧，其实十分简单。首先要有相对完善的网格系统，能将设计的页面全部涵盖。网格能够帮助设计者将各个设计元素准确排列在相应位置上。网格还能依照设计顺序分为不同的行列，可通过多种方式决定采用哪种网格方案。

■ 内容规格

设计手册时应牢记页面一致的重要性。日常生活中十分常见的画册及杂志和宣传册等，都具有较高的一致性。为了让设计的手册便于读者快速阅览且印象深刻，页面设计时要保持较高的重复度，但这不意味着复制粘贴，应依据手册设计要求和元素比例合理设置网格方案。

■ 选择合适的字体组合

在确定网格上花费的时间是非常值得的。标题字体应适当放大。正文字体应设置合适，便于读者顺畅阅读即可，一般与小说或杂志的字体相同或接近。无需在正文字体设计上花费太多精力，反而可能会增加阅读难度。

■ 抓住读者的注意力

强化标题引语能够有效吸引读者注意，并且通过简单阅读能够对手册内容有大概的了解和认识。人们通常会先阅读引语部分，再阅读正文。如果引语较复杂或深奥，会大幅降低读者阅读正文的兴趣。因此，手册设计应加强引语，通过简单、有趣的引语介绍抓住读者的注意力，引导读者深入阅读产品手册。引语应较多地涵盖正文的主要内容和关键词，并具有较强的吸引力，才能达到吸引读者深度阅读的目的。

■ 设计图像

设计图像不是只保证图像有较高的清晰度，而是利用图像加深读者对文字内容的理解，所以选择的图片要与文字内容较好地结合。因此，需要具备一定的图片编辑技巧，使每幅图片都能与文字内容较好地结合，提升读者的关注度。

■ 封面就是一切

手册封面设计一定要与正文内容匹配，如果封面设计太华丽或者与正文内容关系不大，会极大地降低读者阅读正文内容的兴趣，达不到让读者深度了解产品手册的目的。因此，设计封面前需要对手册内容尽可能多地了解。

封面设计是产品手册的所有设计环节中最重要的部分，封面设计质量的好坏直接决定读者是否有兴趣继续阅读。因此，应给予封面设计足够的重视。

3. 任务实践指导

任务：根据某一风格的家居配套产品进行手册编排设计。

提示：根据配套产品的风格，提取最直观的设计元素，按照手册编排流程，进行手册编排设计。具体设计方法与内容可参考本项目案例。

4. 自测与拓展

1）家居配套产品手册编排设计的基本原则是什么？

2）家居配套产品手册编排技巧有哪些？

3）简述家居配套产品的手册编排设计流程。

参考文献

[1] 严建中，吴艳．软装素材宝典．南京：江苏凤凰科学技术出版社，2016:41.

[2] 段胜峰，彭科星，芩华．家居产品设计．重庆：西南师范大学出版社，2008:34-49.

[3] 龚建培．软装织物与室内环境设计．南京：东南大学出社，2006:88.

[4] 简名敏．软装设计师手册．南京：江苏人民出版社，2011:139.

[5] 戴勇．陈设生活智慧．大连：大连理工大学出版社，2009:14.

[6] 李禹．产品设计与实训．沈阳：北方联合出版传媒（集团）股份有限公司、辽宁美术出版社，2011:17.

[7] 文健，吴桂发，张蕤蕤．室内软装饰设计教程．北京：清华大学出版社、北京交通大学出版社，2015:204.

[8] 孙斐，周德伍，韩方林．书籍装帧．北京：中国民族摄影艺术出版社，2016:54.

[9] 魏晓，曹武，杨汝全．家具设计．北京：科学技术文献出版社，2015:3.

[10] 中家纺．http://www.hometex.org.cn.

[11] 爱淘宝阿里巴巴旗下潮流导购网站．

https://re.taobao.com/auction?keyword=%B5%F5%B5%C6&catid=50020103&refpid=tt_28347190_2425761_9313994&crtid=1083304650&itemid=525267211586&adgrid=853248065&elemtid=1&clk1info=461522134,56,v1OyIj6YiRIMY3ALMWINK3hkjaoRN65yF2L1d4ML76ZuNOThdPtKDQ%3D%3D&sbid=;,,;31233&nick=jiangdonglian88&qtype=20&tagvalue=853248065_0_100&isf=0&clk1=607f76eca1ca52bf7481037d4c636c26.

[12] 欧式风格家居空间分析．

https://wenku.baidu.com/view/41d62dbdd5bbfd0a7956738a.html?from=search.

[13] 汇图网．www.huitu.com.https://image.baidu.com/search/detail?ct=503316480&z=0&ipn.